Gerhard Rohlfs

Land und Volk in Afrika

Berichte aus den Jahren 1865-1870

Gerhard   Rohlfs

Land und Volk in Afrika
Berichte aus den Jahren 1865-1870

ISBN/EAN: 9783337198633

Hergestellt in Europa, USA, Kanada, Australien, Japan

Cover: Foto ©berggeist007 / pixelio.de

Weitere Bücher finden Sie auf **www.hansebooks.com**

AFRIKA

BERICHTE AUS DEN JAHREN 1865-1870.

VON

GERHARD ROHLFS

BREMEN, 1870.
VERLAG VON J. KÜHTMANN'S BUCHHANDLUNG.
U.L. FR. KIRCHHOF 4.

INHALT.

Bemerkungen über die Zukunft Algeriens.
Beobachtungen über die Wirkungen des Haschisch.
Eindruck, den aus mich die Cannabis machte.
Von Lagos nach Liverpool
Die Stadt Kuka in Bornu
Am Bénuē
Titulaturen und Würden in einigen Centralnegerländern.
Die Art der Begrüssungen bei verschiedenen Neger-Stämmen.
Von Magdala nach Lalibala, Sokota und Anatola, April/Mai 1868.
Der Aschangi-See in Abessinien
Nach Axum über Hausen und Adua.
Damiette.
Malta.
Die grosse Bodeneinsenkung in Nordafrika.
FUSSNOTEN

Bemerkungen über die Zukunft Algeriens.

Mursuk in Fessan im Januar 1866.

Der Kaiser der Franzosen hat sich bitter getäuscht, wenn er geglaubt hat, durch eigene Anschauung vermittelst einer blossen Triumphreise den Zustand einer Colonie kennen lernen zu können. Schon um civilisirte Völker zu studiren und dann ihren moralischen und materiellen Zustand würdigen und beurtheilen zu können, darf man nicht als grosser Herr, viel weniger als Kaiser reisen. Ich erinnere nur an die bekannte Reise der Kaiserin Katharine in Süd-Russland, der man alle Tage dieselben Leute, dasselbe Vieh entgegen trieb, um sie glauben zu machen, dass die Provinzen gut bevölkert seien. Und sehen wir nicht in Algerien bei der Reise des Kaisers sich etwas Aehnliches wiederholen? Die Duar in der Provinz Oran waren bei der Durchreise des Herrschers nach Sidi Bel-Abbès an die Landstrasse gerückt; so erzählen uns die Lokalblätter.

Die Araber gründlich kennen zu lernen ist gar noch schwieriger; das gelingt nur bei langjährigem Aufenthalt unter ihnen, oder wenn man in ihrer Mitte gereist ist und zwar unter der Maske eines Mohammedaners, nicht eines Vornehmen, sondern eines Bedürftigen; denn selbst einem vornehmen Religionsgenossen gegenüber sind die Araber Lügner, Heuchler und Prahler. Unter allen anderen Umständen ist man nur zu geneigt, über den Grundcharakter dieses Volkes in grosse Irrthümer zu verfallen, wie eben erst der Kaiser und früher der bekannte

General Daumas, der so anziehende Bücher über die Araber geschrieben hat, die man jedoch als nichts weiter als Romane betrachten darf. Denn obgleich General Daumas jahrelang die Bureaux arabes dirigirte, so hatte er doch wohl nie Gelegenheit, mit *den Leuten vom kleinen Zelte* zu verkehren, sondern frequentirte nur die *Leute der cheima kebira*; will man aber ein Volk kennen lernen, so muss man sich nicht blos in den höchsten Kreisen desselben bewegen, sondern alle Klassen durchmustern.

Ich nun würde nicht gewagt haben, über einen so delicaten Gegenstand meine Meinung abzugeben, wenn nicht ein langjähriger Aufenthalt in Algerien selbst, dann eine dreijährige Reise durch Marokko und seine Wüste, bei welcher unter anderen ganz Tuat durchforscht wurde (in welche Oase die Franzosen bis jetzt vergebens weder mit Güte noch mit Gewalt haben dringen können), mich derart mit allen Klassen dieses Volkes in Berührung brachte, dass ich glaube, im Interesse Frankreichs, im Interesse Algeriens, meine Meinung nicht verschweigen zu dürfen.

Meine Ansicht über die eingebornen Bewohner der Algerie habe ich vor zwei Jahren in mein Tagebuch niedergelegt und dies im Jahre 1865 in den Dr. Petermann'schen Mittheilungen, Th. XI, publicirt; dasselbe enthält folgenden Passus, der sich nun schon wieder durch den frischen Aufstand Si Lalla's bewährt hat:

"Ich glaube die Franzosen können sich nicht genug in Acht nehmen, wollen sie nicht einen Tag erleben, wie ihn die Engländer in Indien gehabt haben. Bei einer Nation wie die Araber, deren ganzes Wesen, Leben und Treiben sich auf die intoleranteste Religion gründet, die existirt, sind *Civilisationsversuche vergeblich*. Wie sind die Araber heutzutage nach mehr als 30-jährigem Besitze der Franzosen von Algerien? Die in den Städten haben alle schlechten Sitten der

Franzosen angenommen und helfen dem französischen Pöbel im Absinthtrinken, dass sie aber dafür auch nur im Geringsten christlich religiöse Grundsätze angenommen hätten, daran ist nicht zu denken. Forscht man tiefer nach, so findet man, so geschmeidig und umgänglich sie äusserlich geworden sind, dass sie innerlich allen Hass und alle Verachtung gegen die Bekenner eines andern Glaubens bewahrt haben. Entfernt man sich nun gar einige Stunden weit von der Stadt, so findet man, dass die Civilisation dahin noch ganz und gar nicht gedrungen ist. Der Araber unter seinem Zelte lebt nach wie vor und hasst die Christen ebenso wie früher, und wenn er sich enthält einen Ungläubigen zu tödten, um dafür das Paradies zu erlangen, so geschieht es nur aus Furcht vor dem strengen Gesetze. Die Franzosen hätten längst wie die Engländer in Nordamerika mit den Eingebornen verfahren sollen, nämlich dieselben zurückdrängen, dann wäre Algerien heutzutage ein ruhiges, nur von Europäern bewohntes und cultivirtes Land. Man wird dies vielleicht hart finden und barbarisch und mit den civilisirten Grundsätzen unserer Epoche nicht übereinstimmend. Vom Zimmer aus und von Weitem sind die Dinge jedoch ganz anders anzuschauen, als in der Nähe, und notwendiger Weise wird es bis zum letzten Tage immer Völker geben, die zum Besten der allgemeinen Menschheit den andern Platz machen müssen etc."

Diese vor zwei Jahren ausgesprochenen Grundsätze sind auch noch heute meine feste innige Ueberzeugung. Wenn dem nothwendigen Gange der Natur nach früher oder später jede Colonie sich vom Mutterlande trennt, sobald sie sich stark genug fühlt, um auf eigenen Füssen stehen zu können, und notwendiger Weise der Tag heran kommt, wo z. B. Grossbritannien auf seine beiden einzigen Inseln wird beschränkt sein—hat Frankreich das Glück gehabt, eine Colonie zu finden, die vor den Thoren des Mutterlandes liegt, ja jetzt durch Dampf und Telegraph Eins mit ihm ist. Diese aussergewöhnliche Lage würde es gestatten, die Colonie so mit der Metropole zu verschmelzen, dass für Frankreich an eine spätere gewaltsame Lostrennung wie das von Alters her immer bei allen Colonien der Fall gewesen ist und sein wird, nicht zu denken wäre.

Dazu gehört aber vor allen Dingen, dass die Bevölkerung Eine sei. Ich will damit nicht gesagt haben, dass die Franzosen desshalb anderen Europäern die Colonie verschliessen sollen; im Gegentheil, selbst jetzt nach blos 30 Jahren sehen wir, dass die aus anderen Ländern Eingewanderten[1] und namentlich ihre Abkömmlinge fast gänzlich französische Sitten und Gebräuche angenommen haben und meistens, namentlich die jüngere Generation, auch die französische Sprache. Aber zwei in jeder Beziehung so gänzlich von einander verschiedene Völker, wie Franzosen und Araber es sind, neben einander bestehen lassen oder gar versuchen wollen, sie zu vermischen, ist der höchste Unsinn. Seit undenklichen Zeiten hat das Arabervolk sich nie mit anderen vermischt, weil es mehr noch als die Juden von seiner eigenen Vortrefflichkeit, als ein von Gott auserwähltes Volk überzeugt ist. Seit tausend Jahren in Besitz der Nordküste Afrika's, sehen wir Berber und Araber *neben* einander bestehen, jedes Volk genau seine Sprache und Sitte beibehaltend. Im äussersten Osten, in der Jupiter-Ammons Oase, am Atlantischen Ocean im Sus-Lande haben die Araber die Berber zu unterwerfen, jedoch *nicht sich mit ihnen zu amalganiren gewusst*. Die sogenannten *Kulughli*, Progenitur der Türker mit Araberweibern, bezeugen keineswegs ein Aufgehen der Araber in Türken oder umgekehrt; überall, wo die Türken die Araber beherrschen, bestehen beide Völker unvermischt *neben einander*. Und doch verbindet Berber, Araber und Türken Eine Religion.

Wird man je dem Araber seine Wanderlust, seinen Hang zu plündern und sich raubend umherzutreiben nehmen können? Versuche man doch eine Hyäne zu zähmen! Der Araber ist moralisch überzeugt, dass er den französischen Bajonetten nicht widerstehen kann, dennoch wird er bei der geringsten Gelegenheit sich wider Ordnung und Gesetz erheben, und so lange wird Revolution in der Algerie sein, wie noch ein Zelt oder Duar vorhanden ist. Mögen die Gefühlsmenschen sagen, was sie wollen, vom Verdrängen der Indianer durch die Engländer, jeder vernünftige Mensch findet es bewundernswerth, Nordamerika der Civilisation gewonnen zu sehen. So verabscheuungswerth die modernen französischen Araberlobhudler die Vertreibung der Mauren aus Spanien hinstellen mögen, so ist nicht zu verneinen, dass Spanien dadurch der Civilisation erschlossen wurde; denn wären die Mohammedaner heute noch im Besitze der Halbinsel, so wären sie sicher in keiner Weise weiter in der Civilisation, als es die in den anderen Ländern Wohnenden sind; und wenn die Spanier selbst sich nicht schneller civilisirten und Schritt hielten mit den anderen Völkern, so ist die Verarmung des Landes, die Entvölkerung Spaniens nicht im Vertreibungsedikt Ferdinand des Katholischen zu suchen, sondern eher in der enormen Auswanderung nach Amerika, die zu der Periode statt fand, und in der Priesterschaft.

In der That sehen wir, dass in den Ländern, die sich abgeschlossen von aller christlichen Civilisation halten, die Mohammedaner seit der Periode, wo Mohammed sie zum Islam bekehrte, gar keinen Fortschritt gemacht haben. Und die sogenannten arabischen Glanzperioden unter den Abassiden im Orient, unter den Ommiaden im Occident, sind nur dem christlichen Einflusse zuzuschreiben, weil dort unter beiden Regierungen Christen die Hauptbevölkerung bildeten; aber in den Ländern, wie z.B.

Marokko und Arabien, wo die Araber nie mit Christen in Berührung kamen, haben die Araber es nie weiter zu bringen gewusst, als wie ihr Standpunkt war zur Zeit Abrahams.

Möge daher der Kaiser der Franzosen nicht zaudern, und ein Volk, das für die Wüste geboren ist, dahin zurückdrängen, woher es gekommen ist; diejenigen, welche den ernsten Willen haben, sich mit den Europäern zu vereinigen, werden von selbst zurückkommen und müssen die christliche Religion annehmen, die einzige, unter welcher Civilisation möglich ist. Durch das Verdrängen der Araber in Masse in die Wüste hinein wird der Kaiser sich nicht nur den Dank aller Franzosen, sondern auch die Bewunderung der ganzen christlichen Welt erwerben, und möge die Geschichte unsere Nachkommen einst lehren: Die Bourbonen wussten die Algerie zu erobern, die Napoleoniden indess verstanden es, sie in christlich civilisirtes Land umzuwandeln.—

Beobachtungen über die Wirkungen des Haschisch.

Mursuk in Fessan, Ende Januar 1866.

Unter *Haschisch* verstehen die Araber im weitern Sinne jedes *Kraut*, näher jedoch bezeichnen sie damit den indischen Hanf, cannabis indica (nach Linné in die Klasse Dioccia pentandria gehörend), weil an Vorzüglichkeit jedes andere Kraut gegen dieses in den Hintergrund tritt. Von Tripolitanien an nennen die Eingebornen diese Pflanze *Tekruri*, und diesen Namen führt sie auch in der Türkei, Aegypten, Syrien, Arabien und Persien vorzugsweise.

Graf d'Escayrac de Lauture sagt über die Pflanze Folgendes:

"Die Haschischa ist die Cannabis indica; man findet sie in Afrika, und wahrscheinlich ist dieser Hanf aus dem Sudan nach Tunis und Tripoli eingeführt worden. In letzteren nennt man ihn Tekruri, also mit demselben Namen, den man in Mekka den von Sudan kommenden Pilgern giebt, um damit ihre Herkunft anzudeuten. Vielleicht bedeutet Tekruri auch, wie einige Geographen meinen, irgend eine Provinz in Sudan, vielleicht auch ist es nichts weiter, als die Ableitung von irgend einer arabischen Sprachwurzel, welche die Wirkung "verbessern, vollkommener machen" bezeichnet. Die Haschisch verdankt ihre Wirkung einem eigenthümlichen Stoffe, den Herr Gastinel, Pharmaceut in Aegypten, ausgezogen und bestimmt, und dem er den Namen *Haschischin* gegeben hat. Dieser Stoff, Harz, ist von einer schönen grünen Farbe, die jedoch *nicht* vom Chlorophyll herrührt, kleberig-zäh und von einem eigenthümlich unangenehmen Geschmack."

Ich füge hier hinzu, dass die Cannabis indica wohl weiter nichts ist als die verwilderte oder wilde Cannabis sativa, und eher eine Pflanze der gemässigten Zone als der heissen ist, denn je weiter man nach Süden vordringt, je seltener und krüppelhafter gedeiht dieselbe. Während man z.B. äusserst schöne Exemplare in den gemässigten Bergregionen des Kleinen Atlas der Algerie und Marokko's findet, und die eine Höhe von manchmal 1-1/2 Meter erreichen, gedeiht in den heissen Oasen Tafilet, Tuat und Fessan die Pflanze nur kümmerlich, obgleich die Bewohner alle Sorgfalt auf ihren Anbau anwenden, und von Norden wird dieselbe nach Süden exportirt.

Die Eingebornen bedienen sich derselben auf verschiedene Weise: Entweder sie zerschneiden die getrockneten Blätter und Blüthen sehr klein und rauchen sie rein oder mit Taback vermischt aus kleinen Pfeifen oder Cigaretten, oder sie vermischen dieselben mit Tumbak (Tabak) und rauchen so dies Kraut aus der Nargile. In Syrien bereiten sie wie Thee eine Art Infusion und trinken den Aufguss mit Zucker versüsst, oder endlich man pulverisirt Blätter und Blüthen, und schluckt dies Pulver rein oder mit Zuckerstaub vermischt herunter. Auch mit Honig und Gewürzen zu einer Art Backwerk verarbeitet, bereiten sie aus denselben kleine Kuchen, die unter dem Namen *Majoun* verkauft werden.

Mag man nun Haschisch nehmen unter welcher Form man wolle, immer übt dasselbe einen *starken Rausch* aus. Europäer jedoch, welche Beobachtungen darüber anstellen wollen, können dies nur, entweder indem sie eine Infusion trinken, oder das Haschisch-Pulver essen, denn um eine Wirkung vom Rausche zu haben, muss man den Rauch so tief einziehen, was Araber, Perser und Türken zwar auch beim

Taback- und Opiumrauchen thun, dass der Dampf in die Lungen eingesogen, unmittelbar mit dem Blute in Berührung kommt. Zwei Theelöffel voll Haschisch genügen, um einen kräftigen Rausch bei einem Neuling hervorzubringen.

Eindruck, den aus mich die Cannabis machte.

In Mursuk, 25. Januar 1866, Abends 6 Uhr.

Ich trinke Thee in Gesellschaft Mohammed Besserkis, Enkel des Sultans Mohammed el Hakem von Fessan. Mein Bewusstsein ist vollkommen klar. Ich nehme zwei Theelöffel voll Haschischkraut, welches in einer Kaffeeröste etwas gedörrt, dann pulverisirt und mit Zuckerstaub gemischt worden war. Mein Puls war im Moment des Nehmens 90 (wie immer).

Nach einer viertel Stunde gar kein Erfolg. Wir essen zu Abend: Kameelfleisch mit rothen Rüben, Kameelfrikadellen, weisse gebackene Rüben, Bohnensalat; Salat aus Zwiebeln, Tomaten, Knoblauch und Radieschen bestehend; Brod, Butter und Käse.

Besserki sagt mir, dass die Wirkung nach dem Essen kommen werde, ich indess,—es ist jetzt 7 Uhr,—merke gar nichts. Wir trinken eine Tasse schwarzen Kaffee ohne Zucker.

7 Uhr 10 Minuten. Mein Puls hat nur 70; ich friere, obgleich eine Pfanne mit Kohlen vor mir steht. Besserki sagt, er spüre stark die Wirkung und befiehlt meinem Diener, einige Datteln zu bringen, um, wie er sagt, die Wirkung zu beschleunigen; auch ich esse zwei Datteln.

7 Uhr 20 Minuten. Mein Puls 120 oder mehr. Bin ich in einem Schiffe? Die Stube schaukelt, mein Bewusstsein ist indess vollkommen frei, blos scheint mir Besserki sehr

langsam zu sprechen und ich vergesse oft den Anfang vom Satze, den er spricht. Auch wenn ich jetzt denke, vergesse ich, womit ich angefangen.

7 Uhr 45 Minuten. Mein Herz schlägt so, dass ich jeden Schlag höre, Puls zählen unmöglich.

Besserki sagt, er will fortgehen, mein Diener geht mit; ein anderer zündet mir eine Nargile an. Ich rauche *und fliege*, obgleich ich mit den Händen fühle, dass ich liege.

Ich denke ungeheuer schnell und glaube, dass ich beim Schreiben dieser Zeilen Stunden zubringe.

8 Uhr. Mein Blut schlägt Wellen, *und einzelne Theile fallen von meinem Körper*, obgleich ich mich dumm[2] niederschreibe, denn ich habe vollkommen freies Bewusstsein, dass ich alle Glieder besitze. Ich denke, ich will ausgehen.

8 Uhr 20 Minuten. Ich träumte, ich ginge aus, die *Strassen der Stadt verlängerten sich* und waren mir ganz unbekannt, die Häuser sehr hoch; ich glaube, ich war in der Polizeiveranda, wo ein Mann war, um zu petitioniren und zu mir mit einem Gesuch kam; ich ging dann zurück und setzte mich vor mein Haus.

Ich bin ohne allen Willen; die Wand gegenüber meinem Hause war schön tapezirt, auch hörte ich von fern *schöne Musik* und jetzt schreibe ich und sehe, dass Alles erlogen ist.

Ich will mich legen, *aber bin ich wirklich verrückt?*

Ich liege jetzt (8 Uhr 30 Minuten), *mein Wille ist ganz weg und in mir grosser Sturm*. Das Licht brennt seit Stunden und ich kann es nicht ausblasen, aber ich schreibe, und da ich denke, so bin ich doch wohl nicht gelähmt.

Bin ich wirklich hier? Mein Hinterkopf ist sehr angefüllt.

Ich bin ungemein leicht, und wenn ich nicht schriebe, würde ich in der Luft schweben.

26. Januar Morgens.

Bis so weit hatte ich gestern Vermögen gehabt, während des Rausches zu schreiben; ich verfiel dann in einen festen Schlaf, aus dem ich heute Morgen um 9 Uhr erwachte. Nachdem ich die im Rausche niedergeschriebenen Empfindungen gelesen, war meine erste Frage, ob ich wirklich nach der Polizeiveranda gegangen sei, oder dies blos geträumt habe? Es fand sich denn, dass ich wirklich dagewesen sei, ganz vernünftig gesprochen habe, überhaupt Niemand auch nur die leiseste Ahnung hatte, dass ich im Tekrurizustande mich befände.

Nachträglich kann ich nun noch constatiren, dass

1) man sich ungemein leicht glaubt und oft zu schweben meint.

2) Dass der Puls, im Anfange vermindert, im vollen Stadium des Rausches eine solche Geschwindigkeit erreicht, dass es für den im Rausche Befindlichen unmöglich ist, ihn zu zählen.

3) Starker Blutandrang nach dem Hinterkopfe.

4) Auffallende Lähmung der Willenkraft.

5) Das Gedächtniss verliert seine Regeln, naheliegende Dinge werden vergessen, andere aus längst vergangenen Zeiten werden aufgefrischt.

6) Alles erscheint in den schönsten Farben und in vollkommener Harmonie.

7) Manchmal lichte Augenblicke, verbunden mit

schrecklicher Angst, dass dieser Zustand immer dauern möge.

8) Endlich der ganze Rausch sui generis, und eher ein Verrücktsein, als das, was wir Europäer unter Rausch verstehen, zu nennen.

Heute Morgen indess befinde ich mich vollkommen wohl und verspüre auch nicht im Mindesten einen sogenannten Katzenjammer.

Von Lagos nach Liverpool

Es war als ob Afrika erbittert sei, dass ein Weisser es gewagt hatte, den ganzen Continent, den die Araber unter dem Namen "Das Land der Schwarzen" schlechtweg bezeichnen, durchschnitten hatte, denn als ich Icoródu verliess, um vom eigentlichen Festlande nach Lagos überzusetzen, welches eine Insel in den Ossa-Lagunen ist, wären wir zuletzt beinahe noch mit Mann und Maus, wie wir Deutsche zu sagen pflegen, untergegangen.

Die Sache verhielt sich so. Am letzten Tage hatte ich meinen Diener Hammed den Dolmetsch, einen kleinen Negerburschen, den ich von Lokója aus als Geschenk für den Gouverneur in Lagos mitgenommen hatte, so wie unsere Packesel zurückgelassen, indem ich mich allein früh Morgens von Makúm, (siehe Dr. Grundemann's Missions-Atlas, Blatt Nr. 6) zu Pferde auf den Weg machte, blos von meinem kleinen Privatneger Noël, der während der langen Reise sich zu einem unermüdlichen Fussgänger herangebildet hatte, sowie von einem Lagos-Bewohner (ebenfalls zu Pferde) begleitet, der schon von Ibàdan an mit mir reiste, und dessen Frau, welche auf dem Kopfe grosse Kürbisschalen trug, in denen sie ihre Vorräthe hatte, ihrem Manne zu Fuss treu nachtrabte. Denn unsere Pferde, als ob sie wüssten, dass auch sie nun bald würden erlöst sein, schritten wacker aus, obgleich das meinige schon seit Tagen nur noch von Gras lebte, indem Korn, so viel Muscheln wir auch immerhin boten, um keinen Preis aufzutreiben war. So ununterbrochen dahin reitend, immer im dichten Urwalde, dessen Pfad so eng war und so überwachsen, dass man öfter absteigen musste, da der Reiter zu hoch war, erreichten wir denn auch ohne weitere Ereignisse und Unfälle die wichtige Handelsstadt Ikoródu ungefähr gegen 1 Uhr Nachmittags.

Ikoródu, ausschliesslich von Schwarzen vom Stamme Ijebu bewohnt, die jedoch mit ihren Stammesgenossen in keinem allzu freundlichen Verhältnisse stehen, da sich die Stadt des Handels wegen in eine Art Abhängigkeitsverhältniss zum Gouvernement von Lagos gestellt hat, wetteifert jetzt mit Abeokúta, einer Stadt von 100,000 Einwohnern, um die Landesproducte, hauptsächlich Palmöl, Palmnüsse und Baumwolle gegen die europäischen Fabrikate, besonders Schnaps, Pulver, Gewehre, Zeugstoffe und andere kleine Artikel umzutauschen. Und Ikoródu würde vielleicht bald Abeokúta bedeutend im Handel übertreffen, weil es nur vier Stunden von Lagos entfernt liegt, wenn nicht eben diese Stadt am schiffbaren Ogun-Flusse läge, sodass also die Producte schon mehrere Tage weit auf die bequemste und leichteste Weise ins Innere transportirt werden können.

Wir hielten uns übrigens gar nicht in Ikoródu auf, sondern durchritten schnell die Stadt und den lärmenden Markt, wo neben einheimischen Producten, europäische Artikel en détail verkauft wurden, und hauptsächlich unser Altonaer Kümmel und schlechter amerikanischer Rum eine reichliche Abnahme fanden—und zum anderen Thore wieder herauskommend, begaben wir uns dann direct zum Landungsplatze, der ungefähr eine Viertelstunde südwestlich von der Stadt entfernt liegt. Ich glaubte das Meer zu sehen, und doch war es nur erst die baumumkränzte Lagune, aber so entfernt und so weit sind die gegenüberliegenden Ufer jener oft durchbrochenen schmalen Landzunge, die dickbelaubt sich weithin vor's eigentliche Festland herzieht, dass man mit blossem Auge eben nichts als eine tiefblaue Wasserfläche vor sich hat. Am Landungsplatze fanden wir eine Menge kleiner Hütten, theils leer und für etwaige Reisende zum Uebernachten aufgebaut, theils von Verkäufern und Garköchen besetzt, welche damit beschäftigt waren, neben Kleinwaaren, Obst und anderen Sachen, welche sie ausboten, Yams-Scheiben und kleine Mehlkügelchen in Palmöl zu rösten, oder eine starkgepfefferte Krautsauce zubereiteten, welche als Zuspeise zu dem weitverbreiteten Madidi (es ist dies der Haussa Name; der an der Küste in der Yóruba-Sprache übliche ist mir nicht bekannt), eine Art in grosse Blätter eingekochter Kleister aus indianischem Korne, gegessen wird. Auch 20-30 grössere Kanoes lagen am Strande, und alle Augenblick kamen mit der günstigen Seebrise neue und meist sehr schwer beladene angesegelt, welches einen reizenden Anblick gewährte, und viel Leben und Treiben am Ufer hervorrief.

Nachdem wir mein Pferd abgesattelt hatten und es dann frei umhergehen liessen, nahmen auch wir eine von den Hütten in Beschlag, denn schon am Morgen hatten wir auf unsere Kosten erfahren, dass hier an der Küste die Regenzeit noch weniger ein Weilen im Freien gestattet, als weiter im Innern, wo doch nach einem heftigen Tornado meist wieder ein eintägiger Sonnenschein folgt. Dann dachten wir auch daran, uns etwas Lebensmittel zu kaufen, denn am ganzen Tage immer zu Pferde, hatten wir uns nur Zeit gelassen, um einige Madidi, die man das Stück, eine Hand gross, für 10 Muscheln (an der Küste gehen 6000 Muscheln, im Innern 4000 auf einen Thaler) überall am Wege zu kaufen findet, im Weiterreisen zu verspeisen. Es fand sich nun aber, dass, obgleich der Markt sehr verlockend mit allerhand Negergerichten ausgestattet war, und namentlich westafrikanische Früchte, als Bananen, Plantanen, Pisang, Ananas u.a.m. in Hülle und Fülle auslagen, wir keine Muscheln mehr hatten. Als wir Morgens in der Eile früh sattelten, hatte Noël vergessen, aus dem grossen Muschelsack hinreichend für uns welche herauszunehmen, unser ganzer Reichthum bestand noch in 20 Muscheln, was gerade genug war, um unseren regen Hunger erst recht anzureizen. Wir mussten also suchen etwas zu verkaufen, aber Alles, was wir allenfalls von übrigen Kleidungsstücken hätten entbehren können, war auch bei den Packeseln zurückgeblieben, bis endlich Noël mich an ein paar neuseidene rothe Taschentücher erinnerte, welche ursprünglich als Geschenke für kleinere Häuptlinge hätten dienen sollen, indess beim Ende der Reise keine Verwendung mehr gefunden hatten. Ich hatte dann später die Depeschen und Briefe der beiden Weissen in Lokója hineingewickelt, um sie auf diese Art besser gegen Regen und Schmutz zu schützen. Die Briefe wurden also schnell bloss gelegt, auf die Gefahr hin, schmutzig zu werden, und der Lagos-Mann, der vielleicht Muscheln besass, aber that, als ob er keine hätte, auf den Markt geschickt, um die Tücher zu verauctioniren. Da die Marktleute wahrscheinlich gleich durchschauten, dass wir keine Muscheln bei uns hatten, sich überdies wohl denken konnten, wir seien nach einem langen Ritte sehr ausgehungert, so boten sie uns natürlich für die Tücher so niedrige Preise, dass ich anfangs nicht darauf eingehen wollte. In der That verlangten sie die Tücher ungefähr für ein Viertel des Preises, zu dem man sie in Europa in den Fabriken verkaufen würde. Aber was thun? Hunger ist einer der despotischsten Herren, und wenn ich selbst es zur Noth noch bis nach Lagos hätte aushalten können, so dauerte mich mein treuer kleiner Noël, der sich zwar auch zum Hungern bereit erklärte, aber seine Blicke gar nicht von den verlockenden Oelkügelchen wegwenden konnte. Auch die Frau Negerin, welche dem Lagos-Manne immer zu Fusse nachgetrabt war, gab mir durch Zeichen zu verstehen, dass die Yams-Scheiben ausgezeichnet wären, und so wurde unser Mann wieder beordert, die Tücher auf den Markt zu tragen. Aber o Schicksal! Hatten die Neger schon früher so geringe Preise geboten, so wollten sie dieselben jetzt um eine noch geringere Summe haben, aber um nur nicht gar mit meinen seidenen Sacktüchern sitzen bleiben und hungern zu müssen, gab ich sie nun à tout prix fort. Noël wurde dann ausgesandt, um Ekoréoa, so heisst man die kleinen Mehlkügelchen, welche in Palmöl gesotten sind, Yams und Früchte zu kaufen und dann nochmals wieder abgeschickt, denn unsere beiden Lagos-Gefährten, Mann und Frau, assen für viere; endlich indess waren Alle satt.

Mittlerweile kamen immer mehr Kanoes von Lagos herangesegelt, welches, bei dem bunten Vordergrunde, einen entzückenden Anblick gewährte; theils benutzte man anstatt ordentlicher Segel irgend ein grosses Kleidungsstück, theils auch waren es viereckige grosse Stücke Zeug, aus einheimischen schmalen Cattunstreifen zusammengenäht. Nach beiden Seiten ragten sie natürlich weit über das schmale Kanoe hinaus. Man hatte mir gesagt, dass alle Abend ein grösseres, dem Gouverneur von Lagos gehörendes Schiff herüberkäme und dass es am besten sein würde, mit diesem überzufahren. Es kam dies denn auch bald in Sicht, indem es erkenntlich war au einer weissen Flagge, auf welche ein V.R. (Victoria regina) gestickt war.

Ein uniformirter Neger sprang aus dem Boote und noch zwei andere folgten, die seine Untergebenen zu sein schienen. Wir wurden schnell mit einander bekannt, obgleich der uniformirte Bootsführer das Englisch auf jene eigene Art der Neger spricht, wodurch es fast zu einer neuen Sprache wird.

Er sagte mir, er würde noch am selben Abend zurückfahren, erbat sich auch, da sein Schiff hinlänglich gross sei, mein Pferd mitzunehmen, welches ich jedoch, als bei einer Nachtfahrt zu gefährlich, ausschlug. Als ich dann aber um 9 Uhr Abends das Fahrzeug bestieg, liess ich das Pferd unter der Obhut des kleinen Noël zurück, indem ich ihm sagte, so lange im Landungsorte von Ikoródu zu bleiben, bis die anderen Diener und Esel ankämen, und dies konnte wohl kaum vor Mitternacht oder dem folgenden Morgen der Fall sein.

Wir waren also im Ganzen zu vier Mann, und sobald wir es uns bequem gemacht hatten, spannten die Neger die Segel auf, um den zwar nicht starken, aber jetzt bei Nacht günstig wehenden Landwind zu benutzen. Ueberdies schaufelten sie noch mit ihren kleinen runden Rudern, so dass wir schnell das Ufer verliessen. Aber nur ungefähr eine Stunde hielten sie so bei, denn, sei es Müdigkeit oder hatte der Barássa, so heisst in der Lingua franca der Branntwein, das Seinige gethan, sie legten die Schaufeln nieder und überliessen sich einem ruhigen Schlafe. Das Schiff folgte indess mit aufgespanntem Segel noch leise dem Hauche des Windes, obgleich derselbe fast ganz nachgelassen hatte, und der heiterste tiefblaue Sternenhimmel sich über uns wölbte. Auch ich, denkend, es sei eben so passend, Morgens in Lagos anzukommen, als mitten in der Nacht, dachte keineswegs daran, sie wieder aufzuwecken, sondern streckte mich ebenfalls auf meiner Matte aus, und die fremden Sternbilder betrachtend, schlief ich auch schnell ein, ermüdet, wie ich von einem langen Ritte war.

Aber lange sollte unser Schlaf nicht dauern und die lieblichen Bilder von Venedigs Lagunen, die sich mir im Traume vorstellten, wurden unsanft durch eine starke Schaukelbewegung des Kanoe zerstört. Ich richtete mich schnell auf, und der pechschwarze Himmel, das Zucken der Blitze überzeugte mich schnell, dass einer jener Tornado im Anzuge sei, von deren fürchterlicher Gewalt und Heftigkeit eben nur die heisse Zone Zeuge ist.

Trotz des heftigen Stosses waren meine schwarzen Begleiter

nicht erwacht, erst auf mein Rufen und auf eine handgreifliche Demonstration sprangen sie auf, und ein fürchterlicher zweiter Windstoss, der von allen Seiten zugleich herzukommen schien, brachte ihnen rasch das Gefährliche unserer Lage vor Augen. Schnell half ich ihnen die immer noch ausgespannten Segel mit reffen, was wegen der entsetzlich starken und unregelmässig bald hier, bald dort her kommenden Windstösse keine Kleinigkeit war, dann aber nahm in kurzer Zeit der Sturm dermassen zu, und sein Toben war zuweilen nur noch durch das Krachen des Donners übertönt, dass wir innerhalb fünf Minuten an's Ufer geschleudert waren.

Aber keineswegs war unsere Lage hierdurch verbessert, denn wenn ich Ufer sage, so muss man dabei nicht an einen Strand oder auch nur sonst etwas Aehnliches denken: wir wurden gegen die Tausende von Mangrovenstützen oder Wurzeln geworfen, die weit vom wirklichen Ufer aus, oft eine Viertelstunde entfernt oder länger sich ins Wasser hineinerstrecken, und unter günstigen Umständen von ihren vorstreckenden Zweigen alljährlich neue Luftwurzeln, die das Wasser suchen, abwerfen, welche mit der Zeit zu dicken Stützen oder Stämmen werden. Wer nicht selbst an salzseeartigen Lagunen diese eigenthümliche Vegetation der Mangroven gesehen hat, kann sich kaum durch eine blosse Beschreibung einen Begriff davon machen. Am besten glaube ich, wird man mich verstehen, wenn ich sage, dass eine dicke grüne Laubdecke von Tausenden von dicken oft 3-4, oft aber auch von 10 Fuss hohen Stützen getragen, über dem Wasser zu ruhen scheint. Unter dieser Laubdecke ist aber das Wasser noch sehr tief, und je weiter vom wahren Ufer ab, je tiefer. Gegen diese Stämme aus Luftwurzeln ursprünglich gebildet, wurde nun unser Schiffchen durch die widerstandslose Kraft des Windes geschleudert, und jeder hohe Wellenschlag, abgesehen davon, dass er es fortwährend mit Wasser füllte, schien, als ob er es zertrümmern müsse.

Unter den fürchterlichsten Regengüssen, einem unaufhörlichen Donnergeroll, bei einer pechschwarzen Finsterniss, oft indess durch nahe electrische Feuerschläge, die zischend ins tobende Wasser fielen, taghell erleuchtet, blieben wir so mehrere Stunden lang in dieser gefährlichen Lage. Vergebens bemühten wir uns durch Festklammern an die Baumstämme dem Schiffe mehr Halt zu geben, eine jede neue Welle riss uns wieder weg und schleuderte uns dann wieder zurück gegen die Baumwand. Ich versuchte es mehrere Male mich den Negern verständlich zu machen, aber der unerhörte Lärm des Himmels und des Meeres machte jedes Sprechen unmöglich; in dieser lebensgefährlichen Stellung blieben wir fast bis Tagesanbruch, indem der Tornado merkwürdiger Weise fast sieben Stunden seine Wuth an uns ausliess, während er sonst in der Regel nur von kurzer Dauer ist. Trotzdem gingen wir siegreich, wenn auch erbärmlich zugerichtet, aus dem Kampfe hervor: unsere beiden Masten waren abgebrochen, die gegen die Baumstämme gerichtet gewesene Seite des Schiffes war so zugerichtet, dass dasselbe eben nur noch dienen konnte, um uns nach Lagos zu bringen, wir selbst aber waren, das war nun freilich kein grosses Unglück, der Art, als ob wir im Wasser gelegen hätten, und namentlich meine Neger, die es weniger angemessen fanden, in einem nasskalten Hemde zu sitzen, als sich von der aufgehenden Sonne die schwarz lackirte Haut bescheinen zu lassen, wussten bald, was thun, sie reducirten sich bis auf Vater Adams Kleid und legten ihr Hemd in die Sonne.

Und diese schien denn auch heiter genug, denn sobald einmal ein solches Unwetter seine Wuth ausgelassen hat, wird man mit dem reinsten Himmel belohnt; nach zwei Stunden schon hatten mich die Neger nach Lagos gebracht, und wir landeten am nördlichen Ende der Insel zwischen einer grossen Menge von Canoes.

Ohne weitere Empfehlungen für Jemand in der Stadt, mit Ausnahme, dass ich Pass und Depeschen der beiden Weissen in Lokója von dorther für den Gouverneur von Lagos überbrachte, indem die dort angesiedelten Engländer seit sechs Monaten vergeblich versucht hatten, einen Courier nach der Küste durchzuschicken, war es ganz natürlich, dass ich beim Gouverneur mein Absteigequartier nahm, und ohne weitere Umstände und Anmeldung begab ich mich nach dem stattlichen ganz aus Eisen gebauten Gouvernementsgebäude, das am anderen Ende der Inselstadt, auf dem europäischen Quai liegt. Freilich sah ich nicht sehr präsentabel aus, als ich vor Herrn Glover (so heisst der derzeitige Gouverneur von Lagos, der der geographischen Welt sehr wohl bekannt ist, durch seine schönen Nigerkarten, indem er vor Jahren auf Kosten der englischen Regierung mit einem Dampfer den Niger hinauf explorirte bis Rabba und die genauesten Karten vom Niger geliefert hat, die wir überhaupt besitzen) erschien. Meine hohen Stiefeln quatschten bei jedem Schritte vom Wasser, das in sie gelaufen, aus meiner langen weissen Tobe bezeichnete hinter mir ein unaufhörlicher Tropfenfall den Weg, den ich gegangen war.

Aber in Afrika kennt man keine Ceremonien, und selbst der Holländer verliert dort seine Steifheit und grollt dem Fremden nicht, der es wagen würde mit unabgekratzten Schuhen sein Haus zu betreten. Herr Glover hiess mich daher herzlich willkommen, und als er sah und verstanden hatte, wer ich sei, wollte er keine weitere Erklärung: zuerst ein warmes Bad und dann musste ich von seinen eigenen Kleidern anziehen. Ich fand mich natürlich gleich ganz wie zu Hause, und seine Gesellschaft, drei Marineofficiere, von denen der eine sein Privatschreiber, die anderen seine zufälligen Gäste waren wie ich, trugen nicht wenig dazu bei, den Aufenthalt angenehm zu machen.

Indess sollte ich doch nicht lange unter dem gastlichen Dache von Herrn Glover bleiben; schon beim Frühstück, woran oben genannte Herren, sodann der deutsche Pfarrer Herr Mann, ein früherer Missionär in Abeokúta und jetzt in Lagos angestellt, theilnahmen, stellte sich der Chef der O'Swald'schen Factorei in Lagos ein, Herr Philippi. Wie ein Lauffeuer war nämlich das Gerücht durch die Stadt gegangen, es sei ein Weisser über Land angekommen, und man vermuthe, der Weisse sei ein Deutscher. Wie war da denn nur Haltens bei diesem trefflichen Manne. "Wo ist der Deutsche? Wer ist es?" waren seine ungestümen Fragen, als er den Salon betrat, und als der Gouverneur mich ihm vorgestellt und er mir die Hand gedrückt hatte, erklärte er Herrn Glover ganz kurz, dass ich sein sei, dass er ein grösseres Recht auf mich habe, um Gastfreundschaft zu erweisen, als der englische Gouverneur.—Sowohl Herr Glover als auch ich waren in grosser Verlegenheit, der Gouverneur, weil er nicht wusste, wie er sich einer so kurz und bündig gestellten Forderung des Herrn Philippi, der überdies sein Freund war, gegenüber benehmen sollte, ich andererseits noch mehr, indem ich einerseits durch ein so schnelles Weggehen Herrn Glover beleidigen konnte, andererseits aber auch eine so schmeichelhafte Einladung des Chefs vom ersten deutschen Handlungshause an der Westküste Afrikas nicht abschlagen wollte.

Genug, Herr Philippi wusste es so einzurichten, dass ich mit ihm gehen und noch am selben Tage in der O'Swald'schen Factorei meine Wohnung aufschlagen konnte. Ich hatte keineswegs bei dem Tausche verloren.

Am andern Tage kam, zum Ergötzen der Lagos-Bewohner, auch meine Karawane, die beim Uebersetzen über die

Lagune mehr als ich begünstigt gewesen war; voran kam Noël mit meinem abgemagerten Schimmel, dann Hamed, seinen Esel, der nicht mehr stark genug war, um ihn zu tragen, vor sich hertreibend, endlich die beiden Lastesel, je Tom und Bu-Chari, den Dolmetsch mit Stöcken hinter sich. Aber in Lagos wie in Yóruba- und Izebu-Lande hatte man nie vorher graue Langohren gesehen, und so kam es, dass die halbe schwarze Bevölkerung der Karawane nachzog, und es vor der Factorei dicht und schwarz gedrängt voll Menschen stand, als sie durch's hohe Hofthor einzogen.

Da der Dampfer zwar schon angekommen, aber noch weiter nach Bonny und Cámerun gefahren war, nun aber erst in einigen Tagen zurückerwartet wurde, so hatten wir vollkommen Zeit, die Annehmlichkeiten des gastfreisten deutschen Hauses unter den Tropen Afrikas kennen zu lernen, sowie auch Musse, die Stadt in Augenschein zu nehmen.

Lagos, dieses neue Handelsemporium der Engländer, liegt, wie schon erwähnt, auf einer Insel, und ist seit den wenigen Jahren unter dem englischen Gouvernement zu einer Stadt von 50,000 Seelen herangewachsen. Die schönen breiten Strassen, welche, unter einer aufgeklärten Administration, die kleinen engen Pfade der Neger verdrängt haben, die zweckmässige Bauart der Häuser, welche jetzt sämmtlich aus Backsteinen aufgeführt werden, haben ausserordentlich zur Verbesserung des Gesundheitszustandes beigetragen. Und wenn auch noch heuer schwere Wechsel- und Sumpffieber immer an der Tagesordnung sind, kommt doch Malaria jetzt äusserst selten vor, und das gelbe Fieber und die Cholera haben sich noch nie in Lagos gezeigt. Eben so ist die andere Plage der grossen Bucht an der Westküste von Afrika, der Guinea-Wurm, in dieser Stadt fast ganz unbekannt.

Die englische Regierung hat hier zwei Compagnien schwarzer westindischer Soldaten, ausserdem ebenso viele, die aus eingebornen Negern recrutirt werden, und hauptsächlich aus dem Haussa-Stamme genommen werden. Es ist letzteres merkwürdig genug, da im Innern Afrikas die Haussa als feige verschrien sind, und liegt darin allerdings ja auch ein thatsächlicher Beweis, dass die Haussa als eine selbständige Nation durch ihre Unterjochung von den Fellata zu existiren aufgehört haben. Indess sollen sie unter englischem Commando, wie Herr Glover mir mittheilte, sich zu tüchtigen Soldaten ausbilden. Allgemein sind sie übrigens wegen ihrer grossartigen Diebereien und abgefeimten Räubereien verschrien, und wenn Europäer oder andere Neger durch das sogenannte Haussa-Viertel, denn es wohnen auch viele Haussa-Leute mit ihren Familien, auch ohne Soldaten zu sein, in der Stadt, gehen, pflegen sie sich die Tasche zuzuhalten. Ausserdem sind noch einige Marineartilleristen zur Bedienung der auf dem Quai vor dem Gouvernementshause aufgepflanzten Geschütze vorhanden. Die Soldaten sind sehr zweckmässig uniformirt, und für ihre andere Bequemlichkeit sorgt eine luftige Caserne und ein gut eingerichtetes Hospital.

Ein Gemeinderathhaus ist gerade im Bau begriffen, eben so wie eine hübsche steinerne Kirche. Bethäuser und Schulen sind ausserdem schon mehrere vorhanden, denn die church missionary society, sowie die Wesleyn methodists haben mehrere Prediger hier. In der That scheinen, trotzdem dass auch die Mohammedaner mehrere Moscheen in Lagos haben und leider auf eine dumme, unvernünftige Art von Herrn Glover, dem jetzigen Gouverneur der Insel, begünstigt werden, die Missionäre hier mit Erfolg zu wirken. Als ich Sonntags die Kirche oder vielmehr das grosse Bethaus besuchte, fand ich eine volle und hauptsächlich aus Negern, jedoch auf europäische Art gekleidet, bestehende

Versammlung, und ungemein freute es mich, als die kleinen schwarzen Knaben und, Mädchen, nur von einigen wenigen weissen Kindern unterstützt, mit Präcision und Gefühl die schönsten Choräle, von einem Harmonium, das ihr schwarzer Lehrer spielte, begleitet, sangen.

Als hervorragende Persönlichkeit steht an der Spitze der Geistlichkeit in Lagos und als Director der sogenannten evangelischen schwarzen Niger-Mission der Bischof Crowther. Dieser Neger, aus einem kleinen Dorfe in Yóruba gebürtig, wurde als Kind geraubt und den Portugiesen verkauft. Er hatte jedoch das Glück, von den Engländern gekapert zu werden, und von der Vorsehung dazu bestimmt, als ein auserlesenes Werkzeug dem Christenthume und der Civilisation zu dienen, wurde er nach Freetown in Sierra-Leone gebracht, wo er seine erste Erziehung erhielt und getauft wurde. Er zeigte bald so hervorragende Eigenschaften und Geistesanlagen, dass man ihn zur weiteren Ausbildung nach England schickte, genug wenn ich sage, dass er heute Bischof ist. Aber nicht nur als Geistlicher wusste er sich in jeder Beziehung auszuzeichnen, er leistete gleich Grosses im Gebiete der afrikanischen Sprachen, seine Uebersetzung der heiligen Schrift in die Yóruba-Sprache, mehrere Grammatiken, darunter eine der Nyfe-Sprache, legen Zeugniss seiner gründlichen Bildung ab; endlich die Reisebeschreibung der Niger- und Bénuē-Expedition, welche Herr Crowther mit dem verstorbenen Dr. Baikie machte, lassen ihn als einen ausserordentlich vielseitig gebildeten Mann erkennen. Leider konnte ich nicht die persönliche Bekanntschaft dieses ausserordentlichen Mannes machen, denn während meiner Anwesenheit in Lagos war er auf einer Inspectionsreise nach Bonny, immer besorgt um das Wohl seiner Missionen.

Auf dem grossen Quai breiten sich dann rechts und links vom Gouvernementsgebäude die schönen Factoreien oder

Handelsetablissements der Europäer aus, und von allen diesen ist die O'Swald'sche, wie schon erwähnt, die erste. Es giebt indess noch mehrere andere Häuser in Lagos, die gute Geschäfte machen. Der zweiten grössten Factorei steht ein Marseiller Haus vor, und die Engländer, obgleich sie sich natürlich auch bedeutend am Handel betheiligen, da ja die ganze Insel jetzt ihr Eigenthum ist, kommen doch erst in zweiter Linie; so hat auch die westafrikanische Compagnie deren Directorium in Liverpool ist, in den letzten Jahren sehr an ihrer Bedeutung verloren.

Der Handel, was Export anbetrifft, beruht hauptsächlich auf Palmöl, das theils fertig von den Eingeborenen den Europäern zum Austausch oder zum Verkauf gebracht wird, theils auf die Nüsse der Oelpalme, welche roh nach Europa verschifft werden und dann dort durch Auspressen und andere Zubereitung ein doppeltes Product ergeben, nämlich Stearin und Oel. Was Baumwolle und Kornausfuhr anbetrifft, so ist die Production derzeit noch zu gering, um bedeutend ins Gewicht zu fallen, für beide Artikel ist indess eine grosse Zukunft vorhanden, denn kein Boden ist günstiger für Korn, Indigo, Taback und Baumwolle als der afrikanische, man trifft diese Pflanzen auf jedem Schritt und Tritt, so dass man versucht sein möchte, sie für einheimische zu halten. Die Oel-Ausfuhr aber selbst liegt noch ganz in der Kindheit, denn von einer eigentlichen Ausbeutung ist bei der Undurchdringlichkeit der Wälder, heutzutage noch keine Rede, aber bei der gänzlichen Stockung des Sklavenhandels von Lagos aus, und eben weil wiederum die Neger die europäischen Producte nicht entbehren können, werden sie schon Mittel und Wege finden, um nach und nach auch die Millionen von Palmen, die sich in den schwarzen Wäldern finden, ihren Tribut zahlen zu lassen.

Was die Einfuhr anbetrifft, so stehen in erster Linie Schnaps, und zwar schlechter holländischer und deutscher Genever, amerikanischer Rum, dann Pulver, Steinschlossgewehre, leichte amerikanische Cattune, Perlen und andere kleinere Artikel, dann zweitens die Importation der kleinen Muscheln, welche als Scheidemünze in Afrika gelten. Diese werden vom indischen Archipel zu Schiffe an die Ost- und Westküste von Afrika gebracht. Obwohl nun sowohl im Innern als auch an der Küste der Werth derselben grossen Schwankungen unterliegt, kann man doch im grossen Allgemeinen sagen, dass ein Maria-Theresien-Thaler im Innern 4000 Muscheln, an der Küste indess 6000 werth ist. In Lagos werden sie bei der Importation en gros von den Europäern gewogen und später in Körbe[3] von je zu 20,000 verpackt, und vom Niger an kommen sie nur noch in kleinen Paketen vor, obgleich doch noch in Seg-Seg (westliches Königreich vom Kaiserreich Sókoto) Käufe und Verkäufe von Hunderttausenden von Muscheln gemacht werden.

Der Verkehr in der Stadt ist meist zu Fuss, obwohl die Vornehmen und Reichen, seien sie nun schwarz oder weiss, meist zu Pferde ausreiten. Der Lagunendienst wird durch eine grosse Zahl von kleinen Booten und Kanoes besorgt, die alle numerirt sind, und die grösseren Häuser, wie O'Swalds, die französische Factorei und die westafrikanische Compagnie haben ihre eigenen Dampfer, die bestimmt sind, theils die Waaren zu den grossen Segelschiffen, welche der Barre halber in die Lagune nicht einlaufen können, hinauszutransportiren, theils auch, um kleinere Segelschiffe, als Brigg und was darunter ist, in die Lagune hereinzuschleppen. Der Gouverneur hat ausserdem auch für den Dienst einen Dampfer zur Disposition, welcher Eigenthum der Colonie ist.

Die Bevölkerung von Lagos ist so überwiegend schwarzer Raçe, dass die wenigen Weissen, vielleicht hundert an der Zahl, ganz darunter verschwinden. Diese Schwarzen sind wieder von den verschiedensten Stämmen, obwohl Yóruba- und Sabu-Leute vorwiegend vorhanden sind. Man glaube indess nicht, dass die schwarze Bevölkerung eine niedere Stufe einnimmt, wie denn überhaupt der schlechtweg ausgesprochene Grundsatz, die schwarze Bevölkerung sei gar nicht der Civilisation fähig, ein sehr schlecht basirter ist. Freilich haben die, welche sich zu dieser Ansicht bekennen, sich wohl hauptsächlich auf die schwarze Bevölkerung Amerikas bezogen, aber von einer seit Jahrhunderten durch Sklaverei unterdrückten Bevölkerung Schlüsse auf eine ganze Raçe ziehen zu wollen, wäre ebenso unsinnig und lächerlich, als wolle man der ganzen europäischen Familie, weil gerade die Griechen ihre eben errungene Freiheit weder ertragen noch benutzen können, politische Unmündigkeit vorwerfen. Doch es würde zu weit führen, dies Thema hier zu behandeln, genug, dass ich als Beispiel anführe, dass Herr Philippi mir unter anderem Zutritt zum Hause James verschaffte, welches ebenfalls einem Schwarzen gehört, der ein bedeutendes Colonialwaarengeschäft betreibt. Seine Frau, Md. James, ebenfalls eine Schwarze, war einst dazu bestimmt, einem Engländer, der den König Dáhome besuchte, zu Ehren geopfert zu werden, wurde aber auf Wunsch des Weissen befreit, und ist jetzt in Lagos eine der liebenswürdigsten Salondamen.—Sie hatte mehrere Male die Güte die schönsten und schwierigsten Sonaten und Symphonien von Mozart und Beethoven uns vorzuspielen. Ich habe hier nur ein Beispiel von der Fähigkeit, sich zu bilden, bei den Negern angeführt, ich könnte deren hundert bringen.

Die Tage in Lagos gingen in angenehmer Unterhaltung schnell hin, und allein den ganzen Tag auf der prachtvollen Factorei zuzubringen, die grossartigen Unternehmungen und Arbeiten bewundern, dem geschäftigen Treiben der Neger zuzuschauen, hätte Reiz genug gewährt. In der That, wenn man des Morgens auf der oberen Veranda sass, vor sich die herrliche Allee von Brodfruchtbäumen, die ewig saftgrünen Teppiche von Bahama-Gras, auf welchen sich zahme Gazellen herumtummelten, im Hintergrunde die tief blauen Lagunen, von einem palmenbewachsenen Sandgürtel begrenzt, ganz in weiter Ferne die mächtig tobende Barre, und jenseits im unendlichen Ocean die stolzen Dreimaster, welche ihrer Ladungen warteten, dann begriff ich, dass man in Lagos sein konnte, ohne Heimweh zu bekommen. Abends waren wir die ganze Zeit natürlich durch gemeinschaftliche Diners in Anspruch genommen: beim Gouverneur, bei den Missionären, auf den anderen Factoreien etc.

Aber der Küstendampfer war unterdessen angekommen, und somit musste Abschied genommen werden. Herr Philippi liess den O'Swald'schen Dampfer heizen, um uns über die Barre hinaus an das Postdampfschiff zu bringen. Er selbst hatte noch die Güte, mich bis dahin zu begleiten, und nachdem hinten die Hamburger, in der Mitte die Bundesflagge und vorn meine alte Bremer-Flagge, die von allen europäischen Flaggen allein den Tsad-See begrüsst, und einzig ausser der englischen Flagge den Niger befahren hatte, waren aufgehisst worden, verliessen wir um 10 Uhr Morgens die Stadt und befanden uns bald darauf an Bord des englischen Postschiffes.

Als wir Abschied genommen, und ich noch lange dem kleinen schnell dahinschiessenden Tender nachgesehen und nachgewinkt hatte, fing ich an, nachdem ich meine Sachen in die mir zugewiesene Cabine untergebracht hatte, mich umzusehen. Freilich waren einem die Bewegungen sehr gehemmt, denn abgesehen von den grossen Oelfässern, die auf dem Vorder- und Mitteldeck den Weg sperrten, war selbst unser Hinterdeck mit doppelten Schichten von Baumwollsäcken zugepackt. Alte diese Waaren hatte man in

Lagos eingenommen und noch nicht Zeit gefunden, sie in den Raum hinunter zu schaffen. Das Schiff selbst war sonst gut eingerichtet, hielt 900 Tons, jedoch war der Raum mehr für Waaren als für Passagiere berechnet: es war der Schraubendampfer "Calabar", Capt. Kroft, der West Africa Steam Navigation Company zugehörend. Inzwischen kamen immer noch neue Passagiere von Lagos und unter den Bekannten fand sich auch der Gouverneur Herr Glover, der Befehl bekommen hatte, sich zum Gouverneur en chef, nach Sierra Leone zu begeben. Endlich um 5 Uhr Abends war alles eingeladen und eingeschifft, und nach einem dreifachen Salutschusse seitens des "Calabar" trat derselbe seinen Lauf nach Westen an.

Obgleich wir nicht weit von der Küste entfernt waren, verloren wir dieselbe dennoch bald ausser Sicht, da überdies nach 6 Uhr Abends die Nacht schon hereinbrach. Im Uebrigen waren wir vom schönsten Wetter begünstigt. Man stieg dann hinunter, um sich den Tafelfreuden hinzugeben, aber im Ganzen, obgleich aus Innerafrika kommend, hatte mich der kurze Aufenthalt in Lagos schon so verwöhnt, dass ich mich etwas getäuscht fand. Die Abwesenheit von Servietten an der Tafel konnte man noch eher entschuldigen, denn am Ende ist es besser, gar nichts dergleichen vorzufinden, als schmutzige, und namentlich durfte ich mich selbst nicht über die Aufwartung beklagen, da ich noch meinen Diener Hamed bei mir hatte. Ausser Herrn Glover, der auch seinen Leib-Neger bei sich hatte, waren in dieser Beziehung die anderen Passagiere freilich nicht so günstig gestellt. Ein Gutes war vorhanden, dass, da sämmtliche Reisende von der Küste waren, aller steife Zwang fehlte, der sonst unter Engländern das Zusammensein so unerträglich macht. Ueberdies war nur eine Dame vorhanden, und obwohl eine Tochter Albions hatte sie doch durch ihren Aufenthalt in Afrika, sie war Missionärin am

Camerun, längst das Unbiegsame einer britischen Lady verloren.

Wir legten uns am ersten Tage alle frühzeitig zur Ruhe und da wir bis jetzt etwa nur 30 Passagiere an Bord hatten, während die erste Cajüte deren 50 fassen konnte, waren wir gut logirt, sowohl Herr Glover als auch ich hatten je eine ganze Cabine für uns, überhaupt liessen die Betten nichts zu wünschen übrig.

Als ich am anderen Morgen, nachdem der Kaffee genommen (dieser, sowie Thee, Cakes und Butterbrod wurden immer mit Sonnenaufgang aufgetischt) aufs Deck ging oder vielmehr auf die Baumwollensäcke kletterte, fand ich, dass mehrere Passagiere es vorgezogen hatten, einfach in ihren Kleidern auf den weichen Ballen zu schlafen, und da ein grosses Sonnenzelt das Hinterdeck beschattete, ging das auch recht gut, denn auf die Art konnte der Thau sie nicht erreichen, und von Kälte ist ja unter den Tropen im Juni überhaupt nicht die Rede. In den Cabinen war es denn auch so heiss, dass man Nachts immer die Fenster offen lassen musste.

Um aber vor Allem dem Leser einen Begriff zu geben, wie man auf einem englischen Dampfer lebt; führe ich an, dass um 8 Uhr das eigentliche Frühstück war, warme Fleische, Gemüse, Pasteten und Thee oder Kaffee, um 12 Uhr Mittags war sogenannter Lunch, d.h. ein kaltes Frühstück aus kalten Fleischen, Würsten, Salaten und Früchten bestehend, um 4 Uhr Nachmittags das Diner, endlich um 7 Uhr Abends Thee und Butterbrod. Es versteht sich von selbst, dass die Engländer ausserdem zum Schlusse noch der Brandyflasche zusprachen. Man sieht hieraus, dass der Magen gar keine Zeit hatte, ein eingenommenes Mahl zu verdauen, und dass, wer eben keine besondere Beschäftigung hatte, die ganze Zeit mit Tafeln zubringen konnte.

Das Schiff bot am Morgen einen eigenthümlichen Anblick, von den Fässern waren erst wenige unter das Deck geschafft, aber auf jedem hockten oder lagen ein paar Schwarze. Es waren dies Neger von der Kru-Küste, die nun, nachdem ihr Miethstermin abgelaufen war, in ihre Heimath zurückkehren wollten. Sie scheinen zu den Amphibien zu gehören, denn sie sind offenbar mehr als blos ausgezeichnete Schwimmer und die einzigen Neger an der Küste, die sich gern und freiwillig den Europäern als Arbeiter vermiethen; sie scheuen dabei keine weiten Reisen, und gehen Contracte auf mehrere Jahre ein. Nach Ablauf der Zeit mit ihrem Ersparten in die Heimath zurückkehrend, verheirathen sie sich entweder, oder verprassen ihre Gelder mit Barássa (Schnaps); dann gehen sie aber sicher, sobald sie ihren letzten Heller ausgegeben haben, ein neues Engagement ein. Die Kru-Leute sind sehr kräftig gebaut, von braunschwarzer Farbe, ihre Physiognomie ist sehr hässlich, ihre Gewandtheit und Geschicklichkeit ist gleich gross auf dem Wasser und zu Lande.

Seit dem Abend vorher hatten wir das Land ausser Sicht, aber gegen 10 Uhr Morgens näherten wir uns wieder der Küste, welche ganz flach war und nur von hohen Palmen, Oel- und Kokos-, bestanden zu sein schien. Um 12 Uhr hielten wir vor Yellee-Coffee (dieser Name ist auf der trefflichen Grundmann'schen Karte nicht angegeben, es ist der von den Engländern gebrauchte für den Ort Keta, wo eine Bremer Mission sich befindet), wo indess nur ein einziges auf europäische Art gebautes Haus zu sehen war, von vielen kleinen Negerhütten umgeben.

Kaum war das Anlegen vorüber, als zahlreiche Canoes das Dampfschiff umschwärmten, und nun begann ein Drängen und Klettern um zuerst mit den Waaren an Bord zu kommen. Da indess diesen schwarzen und ganz nackten Waldteufeln nicht gestattet war aufs Hinterdeck zu kommen, so konnte man von dort aus mit Musse diesem Bewegen und Treiben zuschauen. Man brachte Lebensmittel, hauptsächlich Yams, süsse Erdäpfel, Cocosnüsse, Mangos, Bananen, Plantanen, Ananas, Melonen und andere Früchte, dann Papageien, Enten, Puter, Schafe, Zwiebeln, rothen Pfeffer, Matten, Strohmützen, Pantherfelle, einheimische Cattunzeuge und andere niedlich und kunstvoll gearbeitete Handarbeiten. Nachdem der nicht enden wollende Streit, wer zuerst aufs Deck kommen sollte, wobei mancher denn noch rücklings in Wasser fiel oder gestossen wurde, sich gelegt hatte, fing in grösster Eile ein Tauschhandel an, indem die Matrosen vom Dampfer gegen leere Flaschen, europäische Taschentücher, Messer, manchmal auch baares Geld das, was sie wünschten, eintauschten. Während indess einige Sachen, z. B. Papageien, welche man 3 für 2 englische Shillinge einhandeln konnte, ausserordentlich billig waren, wurden für andere die übertriebensten Preise gefordert. So verlangte man für ein Stück einheimischen Cattun, der allerdings recht hübsch war, indess nur die Grösse von 3 Ellen Länge auf 2 Breite hatte, 4 Dollars. Ebenso wurden merkwürdigerweise für die kleinen Meerkatzen unverschämt hohe Preise gefordert; man hätte hier indess eine ganze Menagerie zusammenkaufen können, denn sogar ein Chimpanze fehlte nicht und langborstige Stachelschweine, sowie Igneumon waren mehrere vorhanden. Die Neger von Yellee-Coffee sind sehr gemischt, den Hauptgrund in der Bevölkerung bilden indess die Popo- und Fanti-Neger, und die Sprachen dieser beiden Stämme werden hier vorzugsweise gesprochen. Sie sind pechschwarz, haben ächte Negerzüge, fast alle gehen ganz nackt, nur einige Wenige halten es der Mühe werth, ein europäisches Taschentuch um die Hüften zu winden.—Es befindet sich vor Yellee-Coffee die Navalstation der Engländer, die indess jetzt, seit der Sklavenhandel nun ganz unterdrückt ist, von ihrer früheren Bedeutung verloren hat. Wie schon gesagt, hat auch unser norddeutscher Missionsverein eine Station hier und scheint dieselbe insofern zu gedeihen, als sie sich bei Erziehung der Neger nicht bloss auf das geistige Wohl des Schwarzen beschränkt, sondern demselben auf der Missionsanstalt auch allerlei nützliche Handwerke gelehrt werden, was leider die Engländer bei ihrer sonst so trefflichen Mission ganz vernachlässigen.

Es kamen hier auch zwei von den deutschen Missionären an Bord, um nach Christiansborg zu fahren; einer von ihnen, ein junger stutzerhafter Mann, mit langen Haaren, kam, nachdem er sich an Bord durch ein gehörigs Glas Ale gestärkt hatte, auf mich zu und redete mich auf englisch an, sagend, dass er sein Deutsch unter den Negern gänzlich verlernt habe, da er schon längere Zeit an der Küste sei. Dies Englisch aus dem Munde eines Schwaben (er war freilich noch nicht 40 Jahre alt) klang indess so komisch, indem natürlich zwischen d und t, zwischen b und p, die lächerlichsten Verwechselungen gemacht wurden, dass ich ihm auf französisch antwortete, und nun unterhielten wir beiden Deutschen uns zur grossen Belustigung des Publikums längere Zeit, er immer englisch und ich französisch sprechend. Unser guter Schwabe, er war freilich noch nicht 40 Jahre alt, merkte indess, dass er der Gegenstand der allgemeinen Heiterkeit war. Später ertappte ich ihn, wie er sich ganz fertig mit seinem Amtsbruder, der ein sehr vernünftiger Mann war, unterhielt, und fast hätte ich der Versuchung nicht widerstanden, ihn auf Platt anzureden, um eine zweite fremdartige Unterhaltung zu erwecken, denn Deutsch konnte er allerdings nicht, nur schwäbisch.

Wir blieben hier bis 6-1/2 Uhr Abends und verliessen dann wie am Tage vorher, westlich etwas zu Süd haltend, Yellee-Coffee. Unsere Abfahrt fand bei einem starken Tornado statt, so dass wir alle unter Deck flüchten mussten. Die Nacht war indess wieder ausserordentlich schön.

Sobald es tagte, sprang ich am folgenden Tage aus meiner Cabine und sah, dass wir uns nahe an der Küste befanden, und Akkra und Christiansborg dicht vor uns liegen hatten. Die Städtchen nehmen sich reizend aus; die vielen europäischen Häuser, alle glänzend weiss und italienischen Villen gleichend, treten auf dem dunklen Grün der Oel- und Kokospalmen scharf hervor. Im Hintergrund sah man niedrige Hügel, eine Abwechslung, die um so angenehmer auffiel, als wir bis jetzt nur flache Küsten gesehen hatten. Die meisten grösseren Factoreien hatten ihre Flaggen aufgezogen, und da bemerkte ich auch unsere Bremer auf dem Vietor'schen Etablissement wehen. Auch mehrere grössere Handelsschiffe waren vor Anker, unter anderen zwei amerikanische Barken.

Wie gewöhnlich grüsste der Calabar mit drei Schüssen und warf dann Anker aus, worauf wir sogleich wieder von einer Unzahl hohler Baumstämme umschwärmt waren, welche die Akkra-Neger mit grösster Geschicklichkeit über die höchsten Wellen trieben. Hier indess kamen sie nicht um zu handeln, sondern blos um etwaige Passagiere zu holen und zu bringen, auch unsere beiden Deutschen verliessen uns, wofür indess mehrere andere Missionäre mit ihren Frauen und Kindern wieder kamen alle von der Basler Gesellschaft, welche hier im Innern sich ein tüchtiges Feld eröffnet hat.

Akkra und Christiansborg gehören schon der Goldküste an, indem diese von der östlich sich hinziehenden Sklavenküste durch den Volta-Fluss getrennt ist. Wir hatten die Mündung dieses bedeutenden Flusses, der rechts und links grosse Lagunen hat, Nachts passirt. Der Haupttheil der Bevölkerung der beiden Oerter ist vom Stamme der Akkra-Neger, sie sollen den Yóruba verwandt sein. Ganz eigenthümlich ist die Bauart ihrer Kanoe, weil sie ein erhöhtes Hintertheil haben, überhaupt dabei sehr gross sind; mit dem grossen dreieckigen Segel, dessen sie sich bedienen, giebt das dem Schiffchen von Weitem ein ganz classisches Aussehen. Am meisten entzückte mich der melodische Sang der Ruderer, und erinnerte mich sehr an die singlustigen Kakánda-Neger am mittleren Niger, denen es auch ganz unmöglich war, ihr Kanoe weiter zu stossen, ohne jeden Stoss mit Gesang zu begleiten. Indess haben die Akkra-Neger, und dies ist höchst bemerkenswerth, wirklich eine Art Choralgesang, denn die zweite und dritte Stimme accordirt immer melodisch mit der ersten. Möglich auch, dass sie dies durch den Unterricht von Missionären gelernt haben, obwohl die Lieder, welche sie sangen, keine religiöse zu sein schienen, sondern gewöhnliche Volkslieder.

Akkra war bis vor zwei Monaten halb englisch, halb holländisch, ist jetzt aber durch Verkauf ganz an die Engländer gekommen. Christiansborg wurde schon 1850 von den Dänen dem Englischen Gouvernement überlassen. Man sieht also, wie England so ganz allmählich und ohne Aufsehen zu erregen, sich der ganzen Küste von Afrika bemächtigt, denn längst sind der Reichthum an Rohproducten und die Fähigkeit, später dort für alle Colonialerzeugnisse das fruchtbarste Feld und den ergiebigsten Boden zu finden, von diesem speculativen Volke erkannt worden.

Wir blieben einen ganzen Tag vor Akkra, was, da hohe See war, und das Schiff stark rollte, nicht sehr angenehm war. Wie am vorhergehenden Tage fuhren wir dann um 7 Uhr Abends weiter, und fanden uns am andern Morgen vor dem bedeutenden Ort Cape Coast Castle liegen.

Diese Stadt mit ihrem Fort, wie der Name es schon andeutet, liegt auf steilen Felsen, welche senkrecht in die See abfallen; von den Portugiesen erbaut, gehört sie jetzt den

Engländern, und sieht sie auch nicht so lieblich wie Akkra und Christiansborg aus, so hat sie doch einen europäischen Anstrich. Wie immer kommen zahlreiche Boote, und hier bieten sie uns besonders Goldstaub und Papageien zum Verkauf an. Ganz besonders erregten aber unser Aller Bewunderung die ausserordentlich schönen und feinen Filigranarbeiten der Neger in Gold: Broschen, die künstlichsten Ketten, Ringe, Ohrbommel und andere Sachen wurden so ausgezeichnet und mit einer solchen Vollendung uns zum Verkauf vorgezeigt, dass ein gewöhnlicher europäischer Goldarbeiter Mühe gehabt haben würde, dergleichen nachzumachen. Um Gold und Goldstaub dreht sich hier denn auch das ganze Leben, Die Hauptzufuhr kommt vom Atschanti-Lande, und unser Schiff nahm im Ganzen gegen 3000 Unzen ein, theils in Staub, theils in Ringen. Die Fanti, welche den Hauptbestandtheil der Cape Coast Castle Bevölkerung bilden, sowie die Assin und Wassau, Stämme, die weiter im Inneren des Landes wohnen, bedienen sich ausschliesslich des Goldstaubes als Geldmittel. Jeder hat zu dem Ende eine kleine empfindliche Goldwage und ein ledernes Säckchen mit Goldstaub immer bei sich. Das Gewicht besteht in kleinen leichten Kernen einer Schottenpflanze und bei grösseren Quantitäten in Steinchen.

Ich staunte gerade die furchtbare Brandung an, welche die Wellen des Oceans gegen die Felsblöcke, auf welche das Fort erbaut ist, bis zu einer Höhe von 50 Fuss hinaufspritzten, als meine Aufmerksamkeit durch zwei Officiersfamilien in Anspruch genommen wurde, die auf Stühlen sitzend (es ist allgemein Gebrauch an der Westküste von Afrika, in die grossen Kanoe Stühle zu setzen, da keine Bänke vorhanden sind) in einem grossen Kanoe an Bord gerudert wurden. Und um so mehr wunderte ich mich, als ich den einen Officier mit seiner Dame sich im schönsten Plattdeutsch

(Holländisch) unterhalten hörte. Diese heimischen Töne brachten mich zuerst auf die Vermuthung, es mit preussischen Marineofficieren zu thun zu haben, da dieselben ja möglicherweise neu uniformirt sein konnten. Aber ich wurde bald enttäuscht, indem man mir in der Ferne nach Westen zu das holländische Fort Elmina zeigte, das ich bis dahin gar nicht wahrgenommen hatte, beschäftigt wie ich war mit meiner allernächsten Umgebung. Elmina ist auf circa eine Stunde von Cape Coast Castle entfernt und insofern für die Holländer von Wichtigkeit, weil sie hier einen Theil ihrer Soldaten für ihre ostindischen Colonien recrutiren. Sie bezahlen dafür einen jährlichen Tribut an den Aschanti König, der ihnen hingegen die nöthige Mannschaft, also Sklaven, liefert. Diese werden nun meist auf fünf Jahre engagirt, nach Ablauf welcher Zeit sie frei werden und in ihr Land zurückkehren können. Dies thun sie dann auch in der Regel, bleiben aber nach ihrer Rückkehr meist beim Fort Elmina unter dem holländischen Schutze wohnen, weil sie, falls sie nach Aschanti gingen, aufs Neue in Sklaverei fallen würden. Man theilte mir hier mit, dass so gut der König von Aschanti mit den Holländern stehe, er gerade jetzt den Engländern den Krieg erklärt habe, und sie nach Beendigung der Regenzeit angreifen würde. Hoffen wir das dem nicht so ist oder, wenn, dass derselbe glücklicher für unsere weissen Vettern ausfallen möge als bei früheren Gelegenheiten.

Hier ankerten wir nur bis Mittags und immer dicht neben der Küste haltend kamen wir Appolonia und Cape tree points vorbei. Das Wetter war gut, obgleich die See hoch ging, was starkes Schwanken und Rollen des Dampfers zur Folge hatte, der überdies übermässig lang und schmal war. Es war für mich um so unangenehmer, als ich von Zeit zu Zeit noch Fieberanfälle bekam, obgleich sonst meine Kräfte durch die Seeluft anfingen zuzunehmen. Im Uebrigen hatte sich die Sache an Bord recht gemüthlich gestaltet, und obgleich wir so viele Geistliche aller Secten an Bord hatten, dass wir im Nothfall ein Concil hätten abhalten können, lebte man doch ohne allen Zwang, und gerade hierin gaben uns die Missionäre das beste Beispiel. Sonntags wurde jeden Morgen Gottesdienst abgehalten, und Kapitän Kroft wusste sich dieses Dienstes mit eben so grosser Geschicklichkeit und Gewandtheit zu unterziehen, wie mit der Führung des Dampfers.

Mit Cap tree points verliessen wir Abends die Küste, und fuhren den ganzen folgenden Tag, ohne dass uns irgend etwas Merkwürdiges aufstiess; zudem hielt ein anhaltend fallender Regen uns fortwährend unter Deck, denn die wolkenzusammentreibende Sonne war jetzt gerade über unseren Köpfen, was in der Regenzeit bekanntlich am Schlimmsten ist. Um 1 Uhr endlich erblickten wir den Ort Cavalle, wo Herr Paine, ein amerikanischer Bischof, seit 27 Jahren für die Ausbreitung der christlichen Religion wirkt. Von hier nach Cap Palmas sind nur noch anderthalb Stunden, und dort angekommen warf der Calabar wieder Anker.

Cap Palmas ist der Hauptort der Kru-Küste, und zählt politisch zur Republik Liberia, welche bekanntlich unter amerikanischem Schutze steht. Trotz des Regens und des Nebels nahm sich dieser Ort ganz reizend aus. Er liegt unmittelbar an einem tiefgezackten Ufer, und die Kirchen und hochgieblign Häuser konnten einen glauben machen eine nordische Küste vor sich zu haben. Gleich vorn am Cap bemerkt man einen Kirchthurm, der indess diese Illusionen wieder zerstört, denn er sieht wie ein mohammedanisches Minaret aus; vor dem Cap liegt eine kleine grüne Insel, die, wenn sie auch des Baumschmuckes entbehrt, nicht wenig dazu beiträgt die Abwechslung des palmbewachsenen Ufers zu erhöhen. Cap Palmas ist wie ganz Liberia aus einer Niederlassung freigelassener Sklaven gebildet, und hat eine eigene Regierung, von der jedoch alle Weissen ausgeschlossen sind. Die Regierung ist abhängig von dem Präsidenten in Monrovia. Die presbyterianische Religion ist bei ihnen die vorherrschende. Es giebt in Palmas auch einige Weisse, welche Handel treiben, und dieselben, obgleich unter dem Gouvernement der Schwarzen, leben mit den Negern im besten Einverständniss. Hauptartikel des Handels ist, wie an der ganzen Westküste, Oel und

Palmnüsse. Der Ort ist im Emporblühen begriffen, und ich hätte gern die Gelegenheit benutzt, diese interessanten Punkte einer selbständigen Negercultur näher in Augenschein zu nehmen, wenn nicht Regen und hoher Wellenschlag jedes Landen sehr unangenehm gemacht hätten. Freilich liessen sich unsere Kru-Neger, die wir von Lagos und Kamerun mitgebracht hatten, hierdurch nicht abhalten, und ihre Verwandten und Freunde umschwärmten in unendlich kleinen und unzähligen Kanoes fortwährend den Dampfer, um sie aufzunehmen.

Die meisten indess, namentlich die, welche ohne Gepäck waren, sprangen ganz einfach über Bord und schwammen so auf das sie erwartende Kanoe zu. Dass dabei die lächerlichsten Scenen sich immer wiederholten, kann man sich leicht vorstellen, denn beim Einsteigen ins Kanoe schlug dasselbe meist zuerst um und wurde dann, als wenn nichts Besonderes passirt wäre im Meere selbst wieder aufgerichtet und ausgeschüttet. Es lagen auch mehrere europäische Schiffe hier vor Anker.

Abends 5 Uhr lichteten wir die Anker, und bald entschwand die grüne Küste wieder unseren Augen. Anhaltend fallender Regen würde die Fahrt zu einer entsetzlich langweiligen gemacht haben, wenn ich nicht in Mynheer Schmeet, einem holländischen Officier van der Gezondheid, einen sehr unterhaltenden und gebildeten Mann gefunden hätte. Die holländischen Colonien, über den ganzen Erdball zerstreut, hatten ihm Gelegenheit gegeben, alle Welttheile kennen zu lernen. Zudem hatte ich vollauf zu lesen, denn seit zwei Jahren ausser allem Verkehr mit dem gebildeten Europa, hatte ich mich durch Stösse neuer Schriften, die lauter für mich unbekannte Thaten und Ereignisse enthielten, durchzuarbeiten.

Ein guter Wind begünstigte die Schnelligkeit des Calabar's

so, dass wir schon am andern Abend um 5 Uhr vor Monrovia waren, während wir eigentlich erst am folgenden Morgen um 6 Uhr hätten eintreffen sollen.

Monrovia, die Hauptstadt von Liberia, ist der sprechendste Beweis, bis auf welche Stufe der Neger sich in Cultur und Civilisation emporzuschwingen vermag, sobald er, von tüchtigen Missionen umgeben, in administrativer Beziehung sich selbst überlassen ist. Die Regierung selbst ist ganz nach dem Muster der amerikanischen eingerichtet, und hat hier denn auch der Präsident und der Congress seinen Sitz. Eine Art von Schutz, obgleich das am Ende ja nur gegen europäische Mächte gerichtet sein könnte, wird immer noch vom government of the United States ausgeübt; nach Innen zu gegen die unabhängigen Neger ist Liberia vollkommen im Stande, sich selbst zu schützen und Achtung zu verschaffen. Mehr als 600,000 Neger erkennen übrigens die Herrschaft der Republik Liberia an, und über 25,000 Seelen davon haben die christliche Religion angenommen.

Auch hier war es leider nicht möglich ans Land zu kommen; die Stadt selbst soll sonst, was Wohnungen und Strassen anbetrifft, an der Westküste von Afrika die schönste sein, und selbst die englische Stadt Freetown in Sierra-Leone in dieser Beziehung übertreffen. Eine grosse Bucht vor dem Orte gewährt den grössten Schiffen vollkommene Sicherheit, und wir fanden mehrere hier ankern, unter andern auch Hamburger. Die Regierung besitzt auch eine Kriegskorvette, welche ein Geschenk der Königin von England ist. Der Handel, was Export anbetrifft, besteht hauptsächlich in Zucker, welcher mit dem grössten Erfolg von den Negern gebaut wird. Allein im vergangenen Jahre wurden von Liberia für 150,000 Pfund Sterling Rohzucker ausgeführt.

Wir blieben hier bis am folgenden Morgen um 10 Uhr, um

den von Liverpool ankommenden Postdampfer zu erwarten; nach dessen Eintreffen ging es denn auch gleich weiter. Uebrigens hatten wir an Bord viel Zuwachs bekommen, eine Menge junger schwarzer Damen, die in England ihre Erziehung vollenden sollten, beengten die Damencajüte, während wir selbst indess nur einen Herrn bekamen, der Vater von zweien dieser jungen Grazien war. Es versteht sich von selbst (die Engländer sind viel zu vernünftig, um nur im allerentferntesten den Schwindel deutscher Stubengelehrten, welche über Raçenunterschied ellenlange gehaltlose Abhandlungen schreiben, auch nur begreifen zu können), dass an Bord vollkommene Gleichheit zwischen Schwarzen und Weissen herrschte, und Herr Bull, so hiess unser schwarzer Reisegefährte, war immer einer unserer interessantesten und genialsten Gesellschafter.

Abends und Nachts hatten wir wieder das fürchterlichste Unwetter, von tropischen Regengüssen begleitet; erst gegen 10 Uhr Morgens zogen sich die dicken Regenwolken etwas weiter auseinander, und gegen Mittag konnten wir schon die hohen Berge von Sierra Leone sehen. Die Spitzen des Gebirges, so schwer war jetzt die wasserschwangere Luft, waren indess von einer schwarzen Wolkenschicht umhüllt, man sah nur die unteren Partien der Halbinsel, die wie eine grosse Muschel an der Küste von Afrika hingeworfen erscheint. Früher war es jedenfalls eine Insel wie Fernando Po oder St. Thomas, erst später entstand durch Anschwemmung aus den beiden Flüssen Bokelli und Kates, die ihre Mündungen gegen einander richten, eine Verbindung mit dem Festlande. Sierra Leone oder das Löwengebirge ist nicht blos, weil es der bestcivilisirteste Negerstaat (an Grossartigkeit des Handels übertrifft Freetown bei weitem Monrovia) von Tanger bis zum Cap an der Westküste von Afrika ist, bemerkenswerth, sondern auch seine eigenthümliche geographische Form zeichnet es vor allen aus. Freilich hat es nicht das schöne, städtereiche und an Naturproducten ausgezeichnete Hinterland wie Lagos, aber trotzdem wird durch seine ganz ausserordentlich vortheilhafte Lage Sierra Leone immer Hauptsitz der Regierung bleiben.

Das Erste was sich unseren Blicken genauer präsentirte, ist ein kleiner Leuchtthurm, auf einer Halbinsel liegend, welche selbst mit ihrem ewigen Grün für sich ein kleines Eden bildet; gleich darauf hat man das prachtvolle Missionsgebäude der Engländer vor sich, von üppig prangendem Grün umgeben, und einige Schritte weiter entrollt sich die ganze Stadt vor unseren Blicken, amphitheatralisch ans Löwengebirge hinaufgebaut.

Die vielfarbigen Häuser, meist von hochgiebeligen Dächern, was für ihr Alter spricht, überragt, die Verschiedenartigkeit des Baustyls, Brückenanlagen, welche über tief einschneidende Ravins führen, grossartige Kirchen und andere öffentliche Gebäude, als: der Sitz des Gouverneurs, verschiedene Casernen und Hospitäler, einige Verschanzungen nach der Seeseite zu—dies Alles untermischt vom tiefen dunklen Grün der Tropennatur, aus der hie und da die schlanken, schaukelnden Zweige der Cocospalme in hellem Saftgrün emporschauen—dies imposante Schauspiel sagt einem selbstredend, dass man die Hauptstadt der englischen Besitzungen an der Westküste von Afrika vor sich hat. Im Hintergrunde der Stadt erheben sich die schwarzen dichtbelaubten Berge, hin und wieder leuchtet aus ihnen eine blendend weisse Villa der reichen Europäer oder Neger hervor; auf den Gipfeln der Berge lagerten, wie wir schon anführten, schwere dunkle Wolken. Im Vordergrunde war vor uns der wunderherrliche Hafen, durch die Mündung des Sierra-Leone-Flusses gebildet. Was Grösse und Sicherheit anbetrifft, sucht er seines Gleichen an der ganzen Küste. Die grossen Schiffe aller Nationen, zwischen denen die kleinen Canoes einen geschäftigen Verkehr, sowie mit der Stadt etablirt hatten, brachten dem ganzen Bilde Leben bei.

Indem wir dies grossartige und doch so reizende Panorama betrachteten und bewunderten, liess der "Calabar" mit lang dauerndem Gerassel seine Anker fallen. Er hätte zwar noch näher ans Land gehen können, aber uns war es so gerade lieber, weil wir, je weiter wir vom Quai lagen, um so weniger vom Gesammtbilde verloren.

Am folgenden Tage liess ich mich aus Land rudern, um die Stadt selbst näher in Augenschein zu nehmen. Ich hatte auch einen Empfehlungsbrief für Herrn Rosenbusch, der, Hamburger von Geburt, als holländischer Consul fungirt. Leider fand in der Angabe des Briefes eine Verwechselung statt, so dass ich nicht von der allbekannten Gastlichkeit seines Hauses profitiren konnte; indess hatte ich später den Vortheil den Herrn kennen zu lernen, indem er am folgenden Tage mich an Bord besuchte, und überdies die Güte hatte, mich mit neuen Büchern, unter anderen dem ganzen letzten Jahrgang der Petermann'schen Mitteilungen zu versorgen.

Freetown oder, wie man gewöhnlich schlechtweg sagt, Sierra Leone, obgleich letzteres eigentlich der Name der ganzen Halbinsel ist, hat durchaus schwarze Bevölkerung, denn die wenigen Weissen, aus dem Gouvernement, einigen Consuln und Kaufleuten bestehend, bemerkt man fast gar nicht. Die Schwarzen, ursprünglich von freigelassenen Sklaven herstammend, welche die Engländer den Spaniern, Portugiesen und Nordamerikanern abkaperten, bilden die gemischteste Bevölkerung, die man sich denken kann, und hier war es, da es Leute fast aus allen Theilen Afrikas giebt, wo Koello seine bekannte Polyglotta zusammenstellte. Dennoch hat die englische Sprache eine gewisse Einheit in die Bevölkerung gebracht, indem sie, obgleich corrumpirt gesprochen, jetzt als Medium zwischen den unter sich fremden Negerstämmen dient. Es giebt hier zahlreiche Missionen der verschiedenen protestantischen Bekenntnisse, auch die Katholiken haben eine Anstalt hier gegründet, und wie man mir sagte, machte eben die letztere verhältnissmässig am meisten Proselyten. Es ist dies auch wohl möglich, denn sobald die Priester der römischen Religion Fanatismus and Unduldsamkeit bei Seite legen, ist es sehr denkbar, dass dieser Gottesdienst dem augenblicklich noch auf niedriger Culturstufe stehenden Neger eher einleuchtend ist, als der abstracte Dinge glaubende und so zu sagen nicht handgreifliche evangelische Gottesdienst; gerade der katholische Bilderdienst ist ja im Grunde genommen so verwandt mit dem Fetischismus der Neger, dass er eben desshalb eine grössere Anziehung ausüben muss. Kirchen und Schulen fehlen natürlich in Sierra Leone nicht, und die jungen Kaufleute und Buchführer dieser Colonie sind an der ganzen Küste gesucht und bekannt. Es kommt auch deshalb oft genug vor, dass junge Leute, die ursprünglich auf Kosten und Mühen der Missionen gute Bildung und Erziehung bekommen haben, um als Pfarrer oder Lehrer zu wirken, sich von ihrem erhabenen Beruf durch die Verlockung, einen grösseren Gehalt zu bekommen, abwendig machen lassen, und so die Früchte einer langjährigen Arbeit für die Missionen verloren gehen. Zum Theil mag das aber auch wohl darin liegen, weil eben schwarze Prediger und Lehrer, pecuniär bedeutend geringer gestellt sind als die weissen, obgleich manchmal das Wissen zu Gunsten der ersteren sein dürfte.

Die Strassen der Stadt sind sehr gerade und ausserordentlich breit angelegt, dennoch könnte man mehr für den Gesundheitszustand derselben thun, wenn man die breiten, mit hohem Gras, Gebüsch und Palmen bestandenen

Ravins, welche die Stadt durchziehen und die eine Wiege böser Ausdünstung sein müssen, verschwinden lassen würde. Zudem, da Polizei genug vorhanden ist, brauchte man auch nicht Schweine, Schafe und Ziegen frei auf den Strassen herumlaufen lassen. Die Häuser sind meist, namentlich die neuen, grossartig und luftig gebaut, und benutzt man zur Construction jetzt meist gebrannte Ziegelsteine, statt wie früher Holz, welches letztere dem Temperaturwechsel, in der trockenen Jahreszeit einer excessiven Hitze, in der nassen einer alles durchdringenden Feuchtigkeit schlecht widersteht. In den Strassen wie am Hafen herrscht ein reges Treiben, man begegnet jungen schwarzen Dandies mit weissen Glacéhandschuhen, zu Pferde ihre Promenade machend, fast alle haben nach neuester Mode eine Brille über dem Nasenrücken, oder doch an einem Bändchen herunterhängen, viele haben einen Fächer; die Damen zeigen, wie der demi monde auf den Boulevards, ihre extravaganten Toiletten, entweder lange Schleppkleider, bei denen sie den Vortheil vor dem europäischen beau monde haben, sich ohne grosse Kosten einen kleinen schwarzen Pagen zum Nachtragen der Schleppe halten zu können, wesshalb die Haken und Oesen zum Aufhängen des zu Langen in Sierra Leone auch nie werden eingeführt werden—oder kurze Röckchen, wobei natürlich das schwarze Beinchen durch blendend weisse Strümpfe und Schnürstiefelchen mit chinesischem Absatz zu einem vollkommenen Pariser umgewandelt wird. In den Cafés sieht man ältere und gesetztere Neger, oft schon weisshaarig, bei einem Glase Porter oder Brandy mit ebenso grossem Interesse die Sierra-Leone-Zeitung oder eine veraltete Times lesen, wie es bei uns die Kannegiesser zu thun pflegen und Morgens, wenn es frisch ist nach den Begriffen der Bewohner der heissen Zone, d.h. wenn das Thermometer zwischen 20 und 25° schwankt, kann man sicher sein, wie Abends in Italien auf dem Corso, Alles promeniren zu finden. Ein feiner junger Engländer, in Sierra Leone geboren oder nicht, unterhält sich vielleicht mit einer schwarzen Schönen vom Balle am vergangenen Abend, ein eleganter krauslockiger Neger lustwandelt mit einem weissfarbigen Blondköpfchen, ihr ein Gedicht von Byron vorsagend, oder vielleicht selbst Verse improvisirend.

Für Europäer ist indess der längere Aufenthalt in der Stadt einer der verderblichsten an der ganzen Küste: Consul Rosenbusch erzählte mir, dass man die Erfahrung gemacht habe, die ganze weisse Bevölkerung, circa 200 Seelen stark, sei innerhalb neun Jahren einmal ganz ausgestorben. Die dort gebornen Weissen scheinen indess das Klima besser zu ertragen, jedenfalls eben so gut, wie die Schwarzen. Ueberdies scheint, dass, wie an der ganzen Westküste so auch in Sierra Leone, eine Verbesserung in climatischer Hinsicht stattfindet.—Der Handel von Sierra Leone, wie schon die vielen grösseren im Hafen liegenden Schiffe andeuten, ist sehr bedeutend, und namentlich wird von hier ein bedeutender Zwischenhandel mit der ganzen Westküste von Afrika vermittelt. Hauptartikel dieses Zwischenhandels ist die Goro- oder Kola-Nuss, deren sich die Neger wie wir des Kaffees bedienen, indem sie dieselbe kauen. Die Kola-Nuss kommt von Gondja und wird hauptsächlich durch Mandingo-Neger aus dem Inneren zur Küste geschafft und geht dann von Sierra Leone einerseits nach dem Gambia- und Senegal-Flusse, andererseits bis nach Lagos, um von diesen Punkten aus wieder ins Innere versandt zu werden.

Auch hier bekamen wir wieder mehrere Passagiere, Schwarze und Weisse, und unter letzteren waren einige Franzosen. Am folgenden Tage blieben wir noch bis Abends 5 Uhr, dann lichteten wir wieder die Anker. Das Wetter war, obgleich von heftigen Regenschauern begleitet, dennoch sehr heiss, so dass, als ich Nachts mein Thermometer auf Deck exponirt liess, dasselbe Morgens vor Sonnenaufgang noch 27 Grad Cels. zeigte. Wir machten hier die interessante Beobachtung, dass wir alle manchmal ausgezeichnete Schlaftage hatten, d.h. dass, wenn man Morgens wie üblich fragte, wie haben Sie geschlafen? Alles antwortete, ausgezeichnet! Denn hin wiederum waren andere Nächte, wo kein Mensch schlafen konnte, ohne dass man dann dafür eine bestimmte Ursache angeben konnte. Ich denke indess, dass dies jedenfalls wohl mit der mehr oder weniger stark geschwängerten electrischen Luft der Regenzeit in Verbindung zu bringen sein dürfte.—Je mehr Passagiere wir bekamen, um so schlechter wurde natürlich für uns die Einrichtung, obgleich man immer noch besser daran war, wie auf dem Seebade der Bremer, Norderney, wo z.B. in der Saison von 1867 auf 2500 Badegäste nur 20 Kellner waren, während wir auf 60 Passagiere doch 10 Aufwärter hatten, und so wird man finden, dass die Engländer und Neger, letztere waren es hauptsächlich, die über mangelhafte Bedienung klagten, im Grunde genommen gar keine Ursache dazu hatten. Eher Recht hätten sie gehabt sich über die Küche zu beklagen, die als echt englisch gar nicht zu verdauen war: das Fleisch war immer nach Art der Negerküche zubereitet, d.h. halb gar, das Gemüse war durch eine Decoction von heissem Wasser gewöhnlich in geschmackloses Kraut umgewandelt, ein bestimmter Service wurde überhaupt beim Essen gar nicht beobachtet, sondern man lebte in dieser Beziehung wie bei den Beduinen, die auch von der gehörigen Reihenfolge der Gänge und einzelnen Gerichte keine Idee haben. Gewöhnlich setzte man alles zugleich auf den Tisch, und da konnte man von vorn oder hinten anfangen, alles war recht. Unglücklich war der, vor dem ein Braten stand, der die Begierde der Tischgenossen erregte, denn dann war er sicher, dass er gar nicht zum Essen kommen konnte, indem er den Dienst eines Kellners zu versehen hatte, d.h. seine ganze Zeit ging mit Tranchiren verloren.

Wir brauchten 3 Tage um die weite Mündung des Gambiaflusses zu erreichen, und nachdem wir die Spitze des linken Ufers, welche das Cap der heiligen Maria genannt wird, umschifft hatten, warfen wir Abends um 6 Uhr Anker vor Bathurst. Der Platz und die Einfahrt ist beim Gambia sehr bequem, und die Abwesenheit einer Barre vor der Mündung des Flusses, trägt viel dazu bei, die Schifffahrt zu erleichtern, und so fanden wir auch eine Menge grösserer Schiffe hier, meist englische und französische. Die Stadt selbst sieht sonst nur kleinlich aus, und kann namentlich mit Freetown gar keinen Vergleich aushalten. Das Klima am Flusse ist ebenfalls für Europäer äusserst ungesund, und ist Hauptkinderniss für Katholiken und Protestanten erfolgreiche Missionen anzulegen, da die meisten Missionäre frühzeitig den bösen Einflüssen der Luft erliegen. Der Handel besteht hier hauptsächlich in Koltsche oder Grundnuss (arachis), von der ein ausgezeichnetes Oel gewonnen wird. Im frischen Zustande schmeckt dieselbe wie eine Kartoffel, alt hingegen und etwas im Feuer geröstet, nussartig. Die Frucht dieser arachis, die in ganz Innerafrika vorkommt, wird hauptsächlich nach Frankreich verschickt und erst dort, meist in Marseille, wird das Oel daraus gepresst, welches in jeder Beziehung so gut wie Olivenöl ist.

Wie in Sierra Leone so kamen auch hier neue Reisende an Bord, unter anderen der Gouverneur der englischen Gambia-Colonie, der, obschon er Admiral war, alle Welt durch sein schlichtes, einfaches Wesen in Erstaunen versetzte: so putzte er sich immer Morgens seine Schuhe selbst, nachdem er zuvor einen grossen Käfig, in welchem er zwei Trompeter (ein grosser afrikanischer Vogel, welcher hauptsächlich in den Urwäldern zwischen dem sogenannten Kong-Gebirge und dem Ocean sich aufhält, die Engländer nennen ihn crownbird) hatte, eigenhändig ausgekehrt hatte.

Wir blieben bis fünf Uhr Nachmittags in Bathurst, nachdem wir Nachts von einem so starken Tornado waren überfallen worden, dass unser ganzes Sonnenzelt über Bord ging; für's Schiff selbst war freilich nichts zu besorgen, denn in Bathurst ist eine vollkommen sichere Rhede. Die Cap Verd'schen Inseln dann westlich liegen lassend, erreichten wir nach fünf Tagen die Canarien. Aber obgleich das Wetter nicht kalt war, hatten wir doch fortwährend Sturm und hohen Seegang, und es war wirklich ein erhabenes Schauspiel, zu sehen, wie der Dampfer gegen dies unermessliche bewegliche Gebirge ankämpfte, jetzt über eine sehr lang gestreckte Welle hinübergetragen wurde, dann aber wieder durch eine kürzere zischend hindurchschoss. Und wenn man sieht, wie der schwache Mensch in einer zerbrechlichen Nussschale diesen endlosen Ocean bekämpft, und mit Erfolg bekämpft und besiegt, dann wird es einem klar, dass nichts Geist und Körper so sehr in Anspruch nimmt als das Seemannsleben: die ganze Laufbahn des Schiffers ist ein unausgesetztes Ringen mit der Natur. — Schon auf zwanzig Meilen vorher sahen wir den Pik von Teneriffa, zuerst ganz klar und wolkenlos, dann aber von einer dichten Wolkenschicht umlagert, so dass nur noch die Spitze herausragte. Am 23. Juni Morgens früh hielten wir vor St. Croce, dem Hauptorte der Insel. Die Spanier, als Herren derselben, hielten uns natürlich in Quarantaine und trieben im Anfange die Vorsicht so weit, dass sie Papiere und Briefe mittelst einer langen Scheere empfingen, und erst nachdem sie Alles, was vom Calabar ihnen zugekommen war, ins Seewasser getaucht, ihrer Meinung nach desinficirt hatten, wagten sie es, die Papiere in die Hände zu nehmen. Natürlich war es unter solchen Verhältnissen Niemand gestattet ans Land zu gehen, ebenso wenig durften wir Jemand empfangen. Vermittelst einer Summe Geldes, ich glaube 25 Francs, wurde indess später gestattet, dass wir Kohlen einnehmen konnten, ja, es etablirte sich mit uns vermittelst des Quarantainebootes eine Art Obsthandel und wir hatten Gelegenheit uns hier die köstlichsten Weintrauben zu verschaffen. Teneriffa sieht im Ganzen sonst öde aus, selbst die Stadt, ohne irgendwie malerisch zu sein, trägt nichts dazu bei, die kahlen und schroffen Feldpartien interessanter zu machen. Auf dem Gebirge selbst bemerkt man vom Meere aus keine Bäume, obwohl diese Insel wohl nicht ganz ohne diesen Schmuck ist, denn man sieht, dass andere Culturen, als Wein, Obst und Korn, sich hoch an die Berge hinaufziehen.

Das Kohleneinnehmen hielt uns bis 3 Uhr Nachmittags auf, um welche Zeit denn der Calabar mit Dampf und vollen Segeln nordwärts steuerte. Wir hielten dicht neben der Küste, und so lange wir unter dem Schutze der hohen Felsen uns befanden, war es, als ob wir eine Flussfahrt machten, so wie wir indess in die offene See kamen, fing von Neuem das Rollen und Stampfen des Schiffes derart an, dass fast alle Passagiere seekrank wurden. Namentlich stark war von dieser unheimlichen Krankheit eine junge bildschöne Engländerin befallen, welche, von Sierra Leone kommend, um in ihrem Vaterlande den Sommer zuzubringen, unter den Schutz eines ebenfalls in Freetown an Bord gekommenen Marinekapitäns gestellt war. Aber, o armer Gemahl, trotz Wetter und Krankheit wusste unser galanter See-Cavalier seine Angriffe; Liebeserklärungen und Aufmerksamkeiten so geschickt zu leiten, dass er schon in Madeira die reizende verheirathete Blondine vollkommen besiegt hatte. Die ersten sich dort auszuschiffen, kamen sie die letzten wieder an Bord, waren trunken von Bewunderung für die herrliche Insel.

Um 1 Uhr Nachts verkündeten am 25. uns die Kanonen, dass wir bei Madeira angekommen seien, und als wir etwas vor Sonnenaufgang auf Deck erschienen, lag dieser herrliche Smaragd im tiefen blauen Wasser vor uns. Giebt es überhaupt einen entzückenderen Anblick, als diese ewig grüne Frühlingsinsel? Unter der aufgeklärten Regierung der Portugiesen wurde uns hier natürlich kein Hinderniss in den Weg gelegt, um zu landen, und ich glaube alle benutzten die Erlaubniss. Was soll ich sagen von den schönen Gärten, von den schattigen Spaziergängen, von dem eigenthümlichen Leben der dort seit Jahrhunderten lebenden Portugiesen, von den reizenden Aussichten, die sich einem von jedem beliebigen Punkte der Insel darbieten; es ist dies Alles längst bekannt, denn Madeira war und ist noch immer eine Hauptwinterstation für Brustleidende unserer kalten Länder. Das Holloway'sche Hotel bietet den ausgezeichnetsten Comfort, es giebt dort deutschredende Aufwärter, und die Preise sind, obschon es das erste Hotel auf Funchal und ganz Madeira ist, bedeutend billiger als in allen anderen. Der Weinbau fängt auch an sich wieder zu heben, obwohl bis dahin fast nur Cochenille und Zucker gebaut worden war, desshalb ist ächter Madeirawein auch auf der ganzen Insel augenblicklich nicht zu bekommen, man trinkt von Portugal importirte Weine, welche denn auch gewöhnlich den Fremden, wenn sie durchaus darauf bestehen, Madeira trinken zu wollen, als solche vorgesetzt werden.

Leider mussten wir diese paradiesische Insel schon am selben Abend um 6 Uhr verlassen, nachdem wir auch hier noch Passagiere bekommen hatten. Unter anderen war eine junge Landsmännin zugekommen, deren Mann nach einer einmonatlichen Krankheit auf Madeira gestorben war. Obgleich sie durch ihre Bekannte unter den Schutz des vom Gambia mit uns gekommenen Admirals gestellt war, konnte ich es als Deutscher nicht ruhig mit ansehen und unterlassen, sie dem Engländer schon gleich am ersten Tage abwendig zu machen, bei welchem Unternehmen ich freilich mit Zuvorkommenheit von der jungen trauernden Dame unterstützt wurde. Es traf sich merkwürdig genug, dass diese liebenswürdige Frau, in Petersburg geboren, eine Menge von meinen Freunden kannte; im höchsten Grade gebildet, sprach sie mit gleicher Fertigkeit die drei neuen Weltsprachen und war bald neben der blonden jungen Engländerin der Gegenstand der allgemeinen Bewunderung.

Von der sechstägigen Reise von Madeira nach Liverpool führe ich hier nur noch an, dass wir alle, als aus dem heissen Klima der Tropen herkommend, gar nicht auf eine solche Kälte, wie wir sie zu der Zeit hatten, vorbereitet waren. Unsere jungen Negerinnen in ihren leichten Sommerkleidern, wie man sie stets in Afrika zu tragen pflegt, konnten gar nicht mehr auf Deck erscheinen, ein Theil der Herren, ob weiss oder schwarz, suchte immer Schutz und Wärme bei der Maschine, was mich anbetrifft, so half mir meine Landsmännin, welche einen Kleidervorrath von Petersburg bei sich hatte, aus und so russificirt konnten wir Wind und Wogen Trotz bieten, ohne den ganzen Tag in der dumpfen Cajüte die eingeschlossene Luft einathmen zu müssen. Endlich nach einer Fahrt von 4 Wochen sahen wir in Irland zuerst Europa wieder und legten einen Tag später in den Docks in Liverpool bei.

Die Stadt Kuka in Bornu

Die verschiedenen Stadtheile, ihre Bauart und die Wohnungen des Sultans. — Das Christenhaus. — Rathsversammlungen. — Aufzüge und Prunk der Grossen. — Leben und Treiben auf dem grossen Markte. — Schwunghafter Sclavenhandel.

Kuka, von den Bewohnern Sudans *Kukaua* genannt, ist die Haupt- und gewöhnliche Residenzstadt von Bornu. Sie liegt ungefähr dem 13° nördl. Br. und dem 32-1/2° östl. Länge v. F., etwa zwei Stunden vom Westrande des Tsadsees, und ist umgeben von einer ungeheuern steinlosen Ebene. Diese ist zum grössten Theile mit dichter Waldung bedeckt, welche hauptsächlich aus Tamarinden, Mimosen, Hadjilidj (Balanites aegyptiacus), Korna (Rhannus lotus) und Dumpalmen besteht. Blos in unmittelbarer Nähe der Stadt haben die Bäume für die Culturen Platz machen müssen, und zur Regenzeit sind die Stadtmauern von zwanzig Fuss hohen *Argum-moro-* (Pennisetum distichum) und *Ngáfoli-* (Sorghum) Feldern umgeben. Allmälig aber, und namentlich gegen das Ende der Regenzeit, wird das ganze umliegende Land Ein Sumpf, und bei anhaltendem Regen steigt der Tsad-See oft so hoch, dass er mit der ganzen umliegenden Gegend Einen Morast ausmacht. Aber auch in Kuka selber ist dann Alles unter Wasser, und die grosse breite Strasse, welche die Stadt der ganzen Länge nach durchschneidet, von den Kukaern "*Dendal*", d.h. Promenade genannt oder, wie Barth übersetzte, "Königsstrasse", ist dann Ein Wasserbecken von meist 1 bis 1-1/2 Fuss Tiefe.

Die Stadt Kuka, so genannt, weil der Gründer Mohammed-el-Kánemi im Jahre 1814, als er die Stadt anlegte, dort, wo er das erste Haus hinbaute, eine "Kuka" oder Adansonia digitata fand, besteht aus drei Theilen: der Weststadt *Billa fute be*, der Mittelstadt und der Oststadt *Billa gede be*.[4] Die Ost- und Weststadt sind mit hohen und guten Mauern aus gehärtetem Thon umgeben und derart aufgeführt, dass man von Innen bequem durch Treppen überall bis nach oben hinaufsteigen kann, während die Aussenwand fast ganz steil abläuft. Die Richtung der Stadt ist, da die beiden ummauerten West- und Osttheile fast rechtwinkelige Vierecke bilden, beinahe von Osten nach Westen.

An öffentlichen Gebäuden besitzt natürlich eine Stadt wie Kuka, deren Baumaterial blos Thon ist, nichts Bemerkenswerthes. Der jetzige Sultan, Scheich Omar, der bei den Kanúri den Titel *Mai*, d.h. König, führt, residirt in der Oststadt, wo er drei sehr grosse, geräumige Wohnungen hat, die ebenfalls aus Thon gebaut sind und die von ihm abwechselnd bewohnt werden; in den inneren Hofräumen sind ausserdem eine Menge kleiner, birnenförmiger Hütten aus Stroh, für die Weiber und Sklaven. Dicht dabei befindet sich auch eine grosse Moschee, die ebenfalls aus Erdklumpen errichtet ist; in dieser wird Freitags das Chotbah-Gebet, dem der Mai immer im grössten Pompe beiwohnt, abgehalten. In seiner Hauptwohnung befinden sich auch die Grabmonumente seines Vaters Mohammed-el-Kánemi, welcher die jetzige Dynastie der Kanemin gründete, nachdem die der *Séfua*, welche von etwa 900 Jahren nach Christi Geburt bis zu Anfang unseres Jahrhunderts den Thron innehatten, durch ihn vom Throne gestürzt war. Seinen Bruder Abd-er-Rahman liess er zur Zeit, als Barth und Vogel in Bornu waren, als Empörer und Usurpator erdrosseln. Das Grab des Letztern ist äusserst prächtig und gleicht in dieser Beziehung ganz denen der marokkanischen Kaiser in Mikenes und Fes. Eine andere sehr grossartig angelegte Moschee hat man nicht vollenden können, und so ist sie, ohne Dachschutz, schon wieder ganz zerregnet. In der Weststadt hat der Mai auch eine sehr grosse Wohnung, welche früher hauptsächlich seinem Vater zum Aufenthalte diente; neben ihr befindet sich ebenfalls eine grosse Moschee, welche gut erhalten ist und in der auch des Freitags Chotbah gelesen wird. Der jetzige Sultan residirt indess nur in einzelnen Fällen in der Weststadt und dann immer nur auf einige Tage. In der Weststadt liegt ferner das Christenhaus *Fato ṅssara be*, welches allen europäischen Reisenden, von Barth und Overweg an, als Absteigequartier gedient hat.

In beiden Städten und auch in dem grossen nicht ummauerten Stadttheile giebt es ausserdem eine Menge grosser viereckiger Thongebäude, und zwar in der Oststadt die der Prinzen, der Grossen und Beamten, während in der Weststadt mehr die Kaufleute, die hier aus allen Theilen der bekannten afrikanischen Länder zusammenströmen, ihre Wohnungen und Niederlassungen haben. Das eigentliche Haus des Volkes ist indess die kleine *bienenkorbförmige Strohhüte*, die gewöhnlich oben mit einem Straussenei oder mehreren geschmückt ist, Ṅ*gim* genannt, und die, wenn mehrere zusammen von einer thönernen Befriedigung umgeben sind, den Namen *Fato*, Wohnung, haben.

Die Bevölkerung einer Stadt, die als *Hauptmittelpunkt des Handels von Innerafrika* gilt, muss natürlich eine sehr gemischte sein; am meisten vertreten sind indess die *Kanúri* oder eigentlichen Bornubewohner, dann die *Leute aus Kanem*, einem Lande, welches nördlich vom Tsad liegt, endlich die *Teda* oder *Tebu*, die zum Theil in Bornu selbst ansässig sind, zum Theil auch aus den ihnen zugehörenden Ländern kommen. Aber ausserdem sind die *Búdduma* oder *Jedina*, welche die Inseln des *Tsad* bewohnen, die *Uandala* aus den nördlichen Sumpfniederungen am Rande des Mendif-Gebirges durch zahlreiche Colonien in der Hauptstadt vertreten, sowie das *weisse* Element durch die verschiedenen *Túareg-Stämme* der südlichen Sahara und durch *Araber* und *Berber* repräsentirt wird. Natürlich da alle diese Stämme ihre eigenen Trachten haben, bietet dieses Völkergemisch den buntesten Anblick, den man sich denken kann, obgleich die Hauptstadt, wie alle anderen auch, das Eigenthümliche hat, sehr rasch alle zu absorbiren. Man sieht daher sehr häufig alte Musguweiber mit grossen Narben in der Ober- und Unterlippe. Denn wenn sie es auch in ihrem Vaterlande für schön hielten, in die Lippen sich ein oft mehrere Zoll grosses Stück Holz oder eine Kürbisschale einzuschieben, so schämen sie sich doch dieses Schmuckes, sobald sie längere Zeit in der Capitale gelebt haben, der Art, dass sie die grossen Löcher nach Herausnahme des Tellers durch Wundmachen der Ränder zu vernarben suchen. Ebenso gehen vielleicht die Gebirgsbewohner südlich von Uandala eine Zeit lang ganz nackt, wie in ihrer Heimath, wo ihre ganze Kleidung in dem Blatte irgend einer Feigenart besteht, welches sie vorn an ihrem Gürtel befestigen; aber bald erwacht das Schamgefühl, oder vielmehr die Eitelkeit, es den Anderen gleichzuthun, und sie suchen sich mit irgend einer Art Kleidungsstück zu bedecken.

Kuka ist eine *Grossstadt* und gleicht in manchen Beziehungen unseren europäischen Hauptstädten. Morgens früh, d.h. um 6 Uhr, sieht man die eigentlichen Kukabewohner noch gar nicht, Alles schläft noch. Indess kommen schon vom Lande, dessen Bewohner sich lange vor Sonnenaufgang auf den Weg machen, um die Stadt bei Zeiten zu erreichen, die Bauern mit Vieh, Butter, Fischen, Korn, Obst und Gemüsen. Laut ihre Waaren ausbietend, durchziehen sie die Strassen, und nun erheben sich die Frauen Kukas, um für den täglichen Bedarf einzukaufen.

Zuerst wird aber sorgfältig die Hütte und der Hofraum ausgekehrt, und dann macht jede ihre Toilette am Brunnen, der fast bei keinem Hause fehlt. Denn so eitel die Kanúrifrauen auch sind, so reinlich sind sie andererseits. Die Männer, welche ein Handwerk treiben gehen nun ebenfalls ans Geschäft, nachdem sie zuvor jedoch ein frugales Frühstück eingenommen haben, welches in der Regel aus Negerhirsebrei mit einer stark gepfefferten Adansonienblattsauce besteht. Selten wird des Morgens Fleisch genossen. Die meisten Gewerke werden wie in allen heissen Ländern unter Schoppen in den Strassen oder auf den öffentlichen Plätzen betrieben, Baumwollspinnereien, Indigobereitung, grosse Färbereien, um den Kattunen die so sehr beliebte dunkelblaue Farbe zu geben, Ledergerbereien, Klopfanstalten, in denen eine Menge junger Neger und Negerinnen beschäftigt sind, um durch Klopfen mit einem hölzernen Hammer der Tobe oder Kulgu Glanz zu verleihen, endlich Schuster, Schneider, Klempner, Schmiede, Schreiner, Sattler, Schwertfeger etc., Alles arbeitet im Freien. Die gegen Mittag eintretende Hitze gestattet aber Keinem, länger als bis 11 Uhr den Geschäften nachzugehen.

Gegen 8 Uhr erheben sich auch die Grossen und die reichen Kaufleute. Jene begeben sich in ein Vorgebäude oder in einen äussern Hof ihrer Wohnung, um ihre zahlreichen Clienten zu empfangen, um Stadtneuigkeiten zu hören und um etwaige Angelegenheiten unter den Hausangehörigen zu ordnen, Der Kaufmann hingegen begiebt sich auf den Dendal oder auf einen ihm zunächst liegenden Platz und tauscht hier mit Seinesgleichen Neuigkeiten aus, oder mustert die Vorübergehenden.

Das eigentliche Leben beginnt aber um 9 Uhr; jeder Prinz, jeder Beamte, und darunter namentlich die *Cognaua* (Plural von *Cogna*) oder Räthe, welche die *Rathsversammlung* oder *Nókna*, die alle Morgen in der Wohnung des Mai stattfindet, bilden, begeben sich mit grossem Gepränge, von vielen Sklaven und Clienten begleitet, zur Wohnung des Sultans. Da kommt auf einem prächtigen Berberhengste, der vielleicht mit zwanzig Sklaven bezahlt worden ist, ein nächster Verwandter des Sultans; sein Pferd hat einen silbernen Kopfhelm und einen reichen seidenen Ueberwurf, der Sattel, bei den Vornehmen meist mit hohen Lehnen, wie bei den Arabern, ist in der Regel von echtem blauen oder rothen Sammt, worauf Arabesken von Gold gestickt sind, überzogen; eine eben so kostbare Schabracke und Zügel aus feinen Lederstreifen zusammengeflochten, vervollständigen das Ganze. Der Reiter trägt meist nach Art der Tuniser Kaufleute einen Anzug aus Tuch und Seide, jedoch sind nur sehr wenige mit einem Turban versehen, meist begnügen sie sich mit einem rothen Fes. Und sobald er vor dem Sultan sich befindet, hat nur der Prinz von Blut und die *Cognaua* die Erlaubniss, den Fes aufzubehalten, alle anderen, selbst die Generäle und Minister, müssen barhaupt und barfuss erscheinen. Vor ihm her laufen seine Waffenträger und rufen Jedem zu, Platz zu machen, während hinterher noch Spiessträger und ein ganzes Gefolge von Sklaven trabt. Mit weniger grossem Aufzuge reiten die Beamten, höheren Offiziere und Räthe, alle lieben es aber, ein so grosses Gefolge wie möglich zu haben, jedoch darf ihr Pferd weder Silberplatten noch Seidentroddeln tragen. Dies ist ausschliessliches Vorrecht der königlichen Familie und vielleicht eines fremden Gesandten.

Alle diese Aufzüge gehen im schnellsten Trabe durch die Stadt. Was liegt dem Grossen daran, ob seine hinterhertrabenden Sklaven keuchen und husten, er kümmert sich nur um sich und achtet nur den, welcher im Range über ihm steht. Sobald alle in den geräumigen Sälen des Fürsten versammelt sind und sich gesetzt haben, ertönen die grosse Trommel und mehrere Pfeifen und andere

Instrumente, für die wir keinen Namen haben, von denen eins jedoch unserm Dudelsacke gleicht und einen clarinetartigen Ton abgiebt. Jetzt betritt, von Eunuchen umgeben, der *Mai* die Versammlung, und während sich die Verschnittenen zurückziehen, nimmt er Platz auf einer Erhöhung, die mit schönen Smyrnaer Teppichen überdeckt ist. Die ganze Versammlung, welche sich beim Eintritt des Mai erhoben hat, lässt sich nun auch nieder, und jeder Einzelne kann dann den Mai begrüssen, kann Beschwerden vorbringen und Gesuche einreichen; die speciell Bevorzugten dürfen auch die Hand küssen. Dies thun indess eigentlich nur *Schürfa* (Abkömmling des Propheten, deren es immer eine Menge aus Mekka und Medina kommende in Kuka giebt). Die alten *Cognaua* haben so grosse Ehrfurcht vor ihrem Fürsten, dass sie ihm gar nicht ins Gesicht sehen, wenn sie mit ihm reden. Und früher zur Zeit der Sefua-Dynastie war es Gebrauch, wie das heute noch im Königreiche Mándara Sitte ist, dass alle beim Könige Versammelten demselben den Rücken zukehrten, um nicht vom Glanze des königlichen Antlitzes geblendet zu werden. Der Mai allein ist bewaffnet; zur Seite hat er zwei mit Silber beschlagene Pistolen liegen, manchmal auch noch einen Karabiner; vor ihm liegt ein kostbares silbernes Schwert, Geschenk der Königin Victoria[5]; alle anderen aber müssen, ehe sie die Wohnung des Mai betreten, draussen ihre Waffen zurücklassen. Die Versammlung dauert meist bis 11 Uhr, wo der Sultan durch seinen Rückzug das Zeichen zum Auseinandergehen der Versammlung giebt. Ehe sie jedoch die Wohnung verlässt, gruppiren sich drei oder vier um eine Fleischschüssel, Geschenk des Sultans, der ihnen manchmal auch während der Versammlung Goronüsse präsentiren lässt. Die Reste in den Schüsseln sind immer für die Sklaven.

Sobald sich die Grossen mit ihren Gefolgen wieder in ihre

Wohnungen zurückbegeben haben, nimmt die Stadt einen todten Anstrich an. Die grosse Hitze erlaubt um diese Zeit keine Geschäfte und Arbeit, Alles zieht sich in die kühlsten und innersten Gemächer der Wohnung zurück, oder sucht einen dichtschattigen Baum auf, um sich dem Schlaf, und dem Nichtsthun hinzugeben.

Erst um 3 Uhr Nachmittags wird die Stadt wieder belebt, der *Markt* fängt an. Ich spreche hier nicht von dem grossem Markte, der jeden *Montag* vor den Thoren der Weststadt abgehalten wird, sondern von dem, der *alle Tage* in der Stadt selbst stattfindet. Aber wenn ich sage, es wird nur Ein Markt abgehalten, so muss man darunter nicht verstehen, dass derselbe an nur Einem bestimmten Orte wäre, im Gegentheil, um 3 Uhr Nachmittags ist *die ganze Stadt ein Markt*; Hauptpunkte bilden freilich der westliche *Dendal* der Weststadt, dann der *Ṅgimgsegeni-Dendal* und der Platz am Westthore der Oststadt.

Nur wer selbst dem Leben und Treiben in den Negerstädten mit beigewohnt hat, kann sich einen Begriff davon machen, wie es auf diesen Märkten hergeht. Man findet Alles, was zum Leben nöthig ist. Hier stehen grosse lederne *Botta*, weiche Butter enthalten, die natürlich immer flüssig ist, dort hacken die Metzger Fleisch, hier stehen Säcke mit Getreide, dort liegen *Koltsche* und *Ngángala Erdnüsse*, die einen kastanienartigen Geschmack haben. Melonen, Pasteten, *Kornafrüchte* (Lotus) und die bitteren äusserlich einer Dattel ähnlichen Früchte des *Hadjilidj-Baums*, selbst viele andere wilde Waldfrüchte werden ausgeboten, nicht zu vergessen die herrliche *Gunda* oder *Melonenbaumfrucht*, welche in den letzten Jahren aus dem Sudan ihren Weg bis an den Tsad-See gefunden hat. Aber auch gekochte Speisen findet man, um lodernde Feuer sieht man an kleinen hölzernen Spiessen grosse Stücke Fleisch braten, oder auch nach Art der Araber auf Kohlen backen. Wenn es gehackt und stark gewürzt ist und dann um Stäbchen geklebt und über Kohlen gar gemacht wird, bezeichnen sie es als *Gúmgeni*. Dies ist das, was die Araber *Kiftah* nennen. Auch kleine Brötchen, für einige Muscheln das Stück, sind zu haben, und damit ja nichts für den Gaumen fehle, findet man eine ganze Budenreihe, wo blos *Goro-* oder *Kola-Nüsse* verkauft werden. Aber wie manche arme Schlucker muss sich mit dem blossen Anblick genügen! Die *Goro-Nuss*, die nach Kuka von der Westgegend Afrikas *über Kano* kommt, wird durch diesen Transport so theuer, dass man manchmal das Stück mit 1000 Muscheln und mehr bezahlen muss, d.h. nach unserm Gelde mit etwa 9 Silbergroschen. Die übrigen Lebensmittel sind jedoch in Kuka so billig, dass ein Mann bequem seine Familie einen Monat lang mit 1000 Muscheln ernähren kann.

Interessant sind die Buden, welche *europäische Artikel* ausbieten: Perlen, Seidenzeuge, Kattune, Spiegel, Porzellanwaaren, Nadeln, Messer, grobes Schreibpapier und andere kleine Artikel. Namentlich in *Perlen* findet man eine erstaunlich grosse Auswahl, und man hat berechnet, dass die venetianischen Glasperlenfabriken für die schwarzen Damen eben so viele Perlen fabriciren, als es die böhmischen jetzt für die weissen Modedamen thun. Auch alle Handwerke findet man auf dem Markte vertreten, namentlich fehlt es nicht an Pferdegeschirr und Sätteln, denn jeder auch nur einigermassen bemittelte Mann in Kuka hat sein Reitpferd und einen Sklaven. Trödelbuden und Kleidermagazine sind natürlich auch vorhanden, denn wie bei uns kauft sich ein Kuka-Stutzer manchmal ein neues hübsches Gewand, zieht es ein oder ein paarmal an und verkauft es dann dem Trödler, nachdem er es einem neuangekommenen Araberkaufmann vorher auf Borg abgenommen hatte.

Sklaven sind ebenfalls alle Tage zu haben, jedoch von geringerer Sorte. Man findet deren 100 oder 150 ausgestellt, während *Montags am grossen Markttage manchmal Tausende unter den Hangars kauern*. Der Sklavenhandel wird überhaupt en gros in den Häusern getrieben, indem es z.B. vorkommt, dass ein reicher Kaufmann aus Tripoli oder Kairo seine Waaren oder einen grossen Theil derselben an Einen Mann für eine gewisse Zahl von Sklaven losschlägt, ohne dass diese auf den Markt kommen. Durch den *grossen Aufschwung des Sklavenhandels in den letzten Jahren* sind die Sklaven bedeutend im Preise gestiegen; so gilt ein hübsches junges Mädchen von 13 bis 16 Jahren bis gegen 50 oder 60 Maria-Theresia-Thaler, ein junger Bursche durchschnittlich 20 Thaler.

Hinter den Sklaven kommt gleich der Ort, wo das Vieh verkauft wird, denn auch Kameele, Pferde, Esel, Rindvieh, Schafe, Ziegen, Hühner etc. sind alle Tage und zwar nach unseren Begriffen zu fabelhaft billigen Preisen zu haben. So ersteht man eine fette Kuh für 2 Maria-Theresia-Thaler, ein gutes Pferd für etwa 12 solcher Thaler, ein Huhn für 50 Muscheln. Man kann aber auch alles mit Waaren kaufen, und wer z.B. europäische Artikel hat, steht sich sehr gut dabei, da diese bedeutend höher abgeschätzt werden, als ihr wirklicher Werth ist. Der Markt dauert bis 6 Uhr Abends, weil dann nach Sonnenuntergang die schnell eintretende Finsterniss jedem Austausch ein Ende macht.

Aber damit hat noch längst nicht das Leben in Kuka ein Ende. Nachdem man vom Markte zu Haus angekommen, wird das Mittagsessen eingenommen und dann machen sich die Leute ihre Besuche. Man giebt sich Rendezvous; namentlich die verheiratheten Leute leben in Kuka auf einem sehr leichtem und ungenirten Fusse. Fast jede hübsche verheirathete Frau hat ihren Cavaliere servente, und selbst die jungen Töchter des Sultans wussten es möglich zu machen, ihren Eunuchen zu entschlüpfen, um Liebesabenteuer aufzusuchen. Dabei bilden sich die Kinder Abends zu Gruppen, denn die kühlere Nachtluft gestattet jetzt Tanz und Singen; Musikbanden durchziehen die Strassen und namentlich bei Mondschein wird es selten vor Mitternacht ruhig in der Stadt.

Für einen Europäer würde indess bei allen materiellen Vortheilen ein bleibender Aufenthalt in Kuka unerträglich sein. Mit Europa ist in der Regel nur ein Mal im Jahre über Tripoli eine Verbindung; der viel nähere Weg nach der Küste vermittelst des Bénuē und Niger ist augenblicklich für Reisende und Warensendungen ganz verschlossen. Der einzige Artikel, der jetzt in Masse von der Küste seinen Weg bis an den Tsad-See gefunden hat, ist die kleine Muschel (Kauri), welche als Geld dient. Das Klima von Kuka ist sonst trotz der Nähe des Tsad und trotz der vielen Wasserlachen während der Regenzeit ein gesundes, weil die trockene Luft, durch die Nähe der Sahara bedingt, eine rasche Verdunstung des Wassers hervorbringt und so schon nach wenigen Tagen den Boden austrocknet.

Am Bénuē

Wir verliessen Nachts um 10 Uhr die Stadt Udéni, wo der Fetischdienst von den Negern am ausgeprägtesten betrieben wird. An demselben Tage noch, als ich Nachmittags Abschiedsaudienz beim Sultan hatte, konnte ich mich davon überzeugen, und war Zeuge der eigenthümlichen Opfer, welche diese Stämme ihren Götzen darbringen. War es ein wirkliches Fest, oder war es um den Zorn der aus Thon geformten Götter zu versöhnen, weil ein Weisser mehrere Tage in den Mauern der Stadt geweilt hatte, das konnte ich nicht erfahren.

Die Götter sind meist aus Erde, oft auch aus Holz geformt, und bewohnen eigene kleine Hütten. In den Gegenden am Bénuē sind es hauptsächlich *Dodo* und Mussa, denen man allgemeine Verehrung und Anbetung zollt. Es giebt nämlich *Götter, die allgemein sind*, und *Privatfetische*; jeder hat z. B. seinen eigenen Hausgötzen, ausserdem hat man *Stadtgötter*, *Thorgötter*, Feld- and Gartengötter, Flussgötter etc.

Als ich Abends mit meinen Leuten die schmale Brücke überschritt, die uns aus dieser Hexenstadt mit ihren Blutopfern wieder ins Freie brachte, dauerte es lange Zeit, trotz der herrlichen Nacht, trotz der lieblichen Gegenden, bis mir die Opfer, die ich Nachmittags im Hause des Sultans mit angesehen hatte, wieder aus dem Sinne kamen. Immer schwebten mir im Geiste die Bilder vor, wie unter Pauken- und Trommelschlag nackte Sklaven Schafe, Hühner und Tauben abstachen, die irdenen Bilder mit Blut beschmierten und dann Federn daran klebten. Aber endlich riefen die Stille der Natur und die üppige Pflanzenwelt andere

Gedanken hervor. Man sah, dass die Nähe des Bénuē hier schon einen mächtigen Einfluss auf die Entwickelung der Vegetation ausübte. Schweigend durchzogen wir die Ebene, denn Nachts vermeidet man gern jedes Geräusch. Waren wir doch überdies in einer Gegend, wo fortwährend Krieg und Ueberfälle an der Tagesordnung sind, *auf der äussersten Grenze der Macht der Fellata oder Pullo* (Fulbe) *nach Süden zu*. Voran gingen zwei riesige Neger aus Keffi-abd-es-Senga; jeder trug auf seinem Kopfe einen 3 Ellen langen, an 80 Pfund schweren Elephantenzahn. Ich hatte das Elfenbein gegen meine Pferde ausgetauscht. Dann kam einer mit mehreren kleinen Zähnen, dann drei Sklaven, die unser Gepäck trugen, und den Schluss machten wir selbst.

Die Stille der Natur wurde fast durch nichts unterbrochen, nur zuweilen hörte man von fern das Krachen der Zweige im Gebüsche, durch welches ein unförmliches Flusspferd weidend sich den Weg brach, oder aufgescheuchte Vögel, welche eine andere Schlafstelle suchten, flogen kreischend davon. Mehrere Male wurde Rast gemacht, denn die Elfenbeinträger, obwohl es schien, als ob sie nichts zu tragen hätten, weil sie so rüstigen Schrittes vorwärts eilten, hatten doch von Zeit zu Zeit eine Erholung nöthig. Nach einem vierstündigen raschen Dahineilen gelangten wir plötzlich in einen dichten, hohen Wald; nur tastend konnten wir vorwärts kommen, denn die Kronen der Bäume bildeten ein so dichtes Dach, dass kein Stern durchfunkelte. Indess war der Pfad ziemlich breit, aber viele im Wege liegende Baumstämme und grosse Wurzeln machten das Weitermarschiren sehr beschwerlich. Dann wehte uns plötzlich eine kühlere Luft an, der Weg wurde frei und vor uns lag eine weite Ebene. Unsere Träger hielten an und legten, sich gegenseitig helfend, das Elfenbein auf den Boden; ein Gleiches thaten die Gepäckträger. Schon glaubten wir, es handle sich um eine blosse Rast; als ich weiter vorwärts ging, sah ich, dass ein weiter, blanker See zu unseren Füssen sich ausdehnte.

Aber nein, es war kein See, *es war der Bénuē*. Nach rechts und links dehnte sich das Wasser so weit man sehen konnte aus, doch gegenüber sah man an einzelnen Lichtern und Wachtfeuern die Grenze des majestätischen Stromes. "Ist dies das andere Ufer?" fragte ich die Neger.—"Nein, das ist blos eine Insel, *Loko*, von *Bassa-Negern* bewohnt, und hier werden wir bei Tagesanbruch übersetzen", war die Antwort. Sodann luden sie uns ein, uns auf den Sand niederzustrecken, da bei Tagesanbruch, sobald die Bassa uns sehen, sie mit ihren Kähnen herüberkommen würden, um uns abzuholen. Wir labten uns mit einem Trunke Wassers; seit wir Abends die Stadt verliessen, hatten wir trotz des schnellen Marsches nicht getrunken, weil Niemand Wasser mit sich führte. Dann legten wir uns ruhig nieder und erwarteten halb wachend, halb schlafend den Morgen. Beim ersten Grauen des Tages hörten wir sofort Geschrei und Lärmen und sahen, wie von der mit Oelpalmen bewachsenen Insel, auf deren nördlichem Ufer zahlreiche kleine Hütten standen, eine Menge Kähne ins Wasser stiessen und von nackten Negern auf die Stelle zu hingeschaufelt wurden, an der wir uns befanden. Wir stiegen nun auch den Strand hinab, der jetzt beim niedrigsten Wasserstande des Bénuē sehr breit war, und bald waren wir den *Bassa* gegenüber. Diese schienen sehr erstaunt, ein paar Weisse vor sich zu sehen, denn hatten sie jemals welche gesehen, so waren diese den Bénuē *herauf* in eigenen Schiffen gekommen. Anfangs schienen sie uns sogar für Fulbe, die ihre erbittertsten Feinde sind, zu halten. Nachdem aber die uns begleitenden Neger ihnen die Versicherung gegeben hatten, dass wir diesem Stamme nicht angehörten, überdies keine Mohammedaner wären, sondern *Nassara* (Christen, mein mohammedanischer *Diener Hammed* liess es sich ganz gern gefallen, hier als Christ mit zu passiren), wollten sie sich sogleich ohne Weiteres unseres Elfenbeins bemächtigen, sowie des Gepäckes, um dieses und uns in die ausgehöhlten Baumstämme (ihre Kähne) zu werfen. So, dachte ich indess, geht das nicht. Die Menschen sind überall dieselben, und wenn man in Italien oder im Oriente nicht wohl daran thut, sich, ohne zu parlarmentiren, in die Hände des dienenden Publikums zu geben, so glaubte ich auch hier vorerst dingen zu müssen. Wir rissen ihnen also unsere Habe wieder aus den Händen, und ich machte ihnen begreiflich, dass sie mir zunächst den Preis für das Uebersetzen sagen müssten. Zu dem Ende legte ich 100 Muscheln (Kauris) auf den Boden und fragte durch Zeichen, wie viel sie solcher hundert haben wollten? Nach langem Streiten und Handeln wurden wir dann handelseins über 4000 Muscheln, was allerdings theuer genug war, wenn man bedenkt, dass es sich blos ums Uebersetzen handelte, 4000 Muscheln aber den Werth von einem Maria-Theresia-Thaler repräsentiren. Die anderen Neger, welche, wie ich gehofft hatte, uns bis nach *Loko* begleiten würden, erklärten dann, dass sie zurück müssten, um noch vor der grossen Hitze Udéni zu erreichen. Nachdem sie uns dann in die Baumstämme geholfen, die so klein waren, dass kaum zwei Mann darin Platz hatten, und wir desshalb mehrerer bedurften, nahmen sie Abschied, wir stiessen vom Lande und wurden von den Bassa rasch nach ihrer Insel hinüber geschaufelt.

Die Ankunft von Fremden ist auf solchen Plätzen immer ein Ereigniss, wenigstens des Morgens früh, wo Alles eben vom Schlafe erwacht und noch nicht der Arbeit nachgegangen ist. Als wir landeten, hatte sich ein zahlreiches Publikum versammelt, das vielleicht noch aussergewöhnlich vergrössert war, weil man längst gesehen hatte, dass zwei Weisse die Fremden seien. Wie besorgt ich nun auch anfangs war, mich so ganz ohne irgend eine Stütze unter den Bassa zu befinden, von denen die anderen dem Fulbe des Reiches Sókoto unterworfenen Negerstämme mir nicht schlecht genug zu sprechen wussten, so legte sich doch meine Besorgniss, da ich bald sah, dass alles Böse, was man von ihnen gesagt hatte, Uebertreibung sei. Obgleich von Hunderten dieser Leute umringt, die sich so dicht wie möglich an uns herandrängten, uns befühlten und befragten, und sich dann wunderten, dass wir nicht in ihrer Sprache zu antworten vermochten, that man uns nichts zu Leide, sondern wir wurden einfach in einen von mehreren Hütten gebildeten Hofraum gedrängt. Man gab uns zu verstehen, dass wir uns setzen möchten. Nachdem uns dann eine recht nett aussehende alte Negerin ein Gefäss voll warmer Suppe gebracht hatte, fragte man uns durch Zeichen und Laute, ob wir denn gar keine der dort üblichen Sprachen verständen, und nach einander nannten sie eine Menge Sprachen als: *Fulfulde, Berbertji, Arabtji, Haussa, Nupe* etc. Ich glaubte nun zu verstehen, dass unter ihnen Individuen wären, die eine dieser Sprachen verständen, und erwiderte sogleich *Arabtji, Berbertji.* Unter letzterem Worte bezeichnen nämlich alle diese Negerstämme die *Bewohner* und *Sprache* von *Bornu* (—das Kanúri—). Die Bassa schienen eben so froh zu sein wie ich, als ich Berbertji antwortete; es wurde gleich darauf einer fortgeschickt, der dann mit einem Andern zurückkam, welcher uns schon von Weitem sein La-Le-La-Le, ke l'áfia-lē ṅda tégē etc.: "Sei gegrüsst; Friede; *wie befindet sich deine Haut*" etc. entgegenrief.

Fand er sich im Anfange etwas getäuscht, dass ich nicht so fliessend zu antworten vermochte, als er sich wohl gedacht hatte, so sah er doch schnell ein, dass es sein Vortheil sei, uns zu Freunden zu behalten, und ich meine gar, er sagte den Bassa, dass wir wirkliche *Kanúri* vom Tsad-See seien, was sie indess nicht glauben wollten, sondern ihm entgegneten, wir wären *Inglese* und Vettern von den beiden weissen Christen in Lokója (—der bekannten von Dr. Baikie gegründeten Station an der Mündung des Bénuē in den Niger—). Er selbst war gerade nicht von Bornu, sondern von einer im Reiche Sókoto gegründeten Colonie Namens *Lafia-Bere-Bere*. Er sagte mir dann, dass man eine Hütte für uns in Stand setze, und dass der König der Insel mir einen Besuch machen würde, den ich später zu erwidern hätte.

Unterdessen nahm ich die Gelegenheit wahr, mich etwas umzusehen. Unser Kanúri erzählte mir, dass die Bassa auf Loko hauptsächlich von der *Fähre* lebten, da hier ein *Hauptübergang* sei; bei Hochwasser sei die ganze Insel, welche jetzt etwa 16 Fuss über dem Wasserspiegel lag, überschwemmt, und die meisten Leute zögen sieh dann aufs linke Ufer zurück, während nur die zur Besorgung der Fähre unumgänglich notwendigen jungen Leute in hohen *auf Pfählen* ruhenden Hütten zurückblieben. Die Bassa-Neger wohnten früher alle auf dem rechten Bénuē-Ufer, wurden aber von den Fellata, ihren fanatischen Feinden, zurückgedrängt, so dass nur noch einige wenige Plätze von ihnen am rechten Ufer behauptet werden. Die Bassa sind mit den *Afo-* und *Koto-Negern* eng verwandt und scheinen sanfter Natur zu sein; sie nähren sich hauptsächlich von Fischen, die der Bénuē ausgezeichnet und in unglaublicher Menge liefert. Dem Aeussern nach sind sie *echte Neger*, ohne doch dabei hässlich zu sein. In der Jugend gehen beide Geschlechter nackt, und unter den Erwachsenen haben die ärmeren Leute höchstens ein Schurzfell um die Hüften geschlagen. Eigenthümlich ist die *Art ihrer Begrüssung*, indem sie den Vorderarm der Länge nach an einander legen, derart, dass einer dem andern den Ellenbogen umfasst. Sie sind wie die Afo-Neger *Fetischdiener*, ohne jedoch einen so ausgeprägten Penatendienst wie jene zu haben.

Endlich war die kleine runde Hüte, welche man provisorisch aus Matten aufgeführt hatte, fertig, so dass wir einziehen konnten. Kaum hatten wir uns niedergelassen, als der *Galadima* oder *König* der Insel kam. Er besah Alles, that viele Fragen mittels des Kanúri und sagte, er würde nach einem *Araber* als Dolmetscher senden. Im Ganzen benahm er sich recht anständig. Als er sich entfernt hatte, war meine erste Sorge, ein Schiff zu miethen nach *Imaha* (wird auch von den Arabern und Soko-Negern *Um-Aischa* genannt), einem Orte, der drei Tagereisen unterhalb am Bénuē liegt und wohin wir zunächst mussten. Das war keineswegs leicht, nicht etwa desshalb, weil die Leute zu hohe Preise forderten, — sie verlangten, ich glaube, 10,000 Muscheln, was mit den 4000 fürs blosse Uebersetzen also in gar keinem Verhältnisse stand, — sondern weil wir gar kein *baares Geld, d.h. Muscheln*, mehr hatten. Ich versprach ihnen, in Imaha zu zahlen, wo ich einen Burnus, das letzte Stück, was mir von meinen Waaren geblieben war, zu verkaufen gedachte. Aber kein Mensch wollte Credit geben; es blieb uns also nichts Anderes übrig, als alle Kleidungsstücke, die wir entbehren konnten, zu verkaufen, um so die Summe zu Stande zu bringen. Indem wir uns auf das Notwendigste beschränkten, gelang es uns 8000 Muscheln zusammen zu bekommen, und indem wir gleich im Voraus baar bezahlten, konnten wir von den 10,000 Muscheln 2000 abdingen.

Nachdem dies in Ordnung war, machte ich dem Könige meine Aufwartung. Er mochte wohl ein hübsches Geschenk erwartet haben, ich konnte ihm aber blos einige kleine einheimische Baumwollentücher geben, mit denen sich in Haussa die Weiber bekleiden. Damit gab er sich zufrieden, weil er selbst vorher gesehen hatte, dass wir gar nichts mehr besassen. Er machte dann die freundschaftlichsten Versicherungen, und meinte, *er wünsche nichts so sehr, als mit den Engländern direct in Handelsverbindung zu treten*. Ja, als ich zu Hause kam, sandte er mir sogar ein Gegengeschenk: ein Huhn, trockne Fische, *Madidi*, d.h. eine Art Kleister in Bananenblätter gewickelt, und 1500 Muscheln baar.

Denselben Tag konnten wir natürlich nicht an die Abreise denken, und es war auch gut, dass wir blieben. Denn am Abend kündigte sich die Regenzeit mit einem solchen Tornado (Orkan) an, dass ich fest glaubte, es sei ein Erdbeben damit verbunden. Da das Unwetter gegen Sonnenuntergang hereinbrach, also um eine Stunde, da alle Leute ihren Topf auf dem Feuer hatten, so kann man denken, wie sehr die Weiber sich beeilten, die Feuerstellen zuzudecken. Die Windstösse waren so heftig, dass in einem Nu mehrere Hütten weggeführt und Gott weiss wohin geweht wurden. Glücklicherweise lag unsere Hütte zwischen anderen so geschützt, dass wir nicht zu fürchten brauchten, fortgeweht zu werden. Das hinderte aber nicht, dass, als die Wolken an zu brechen fingen, Ströme Wassers von oben und unten hereinflutheten, so dass wir in einem Augenblicke durchnässt waren. Es ist gut, dass dergleichen Unwetter in der heissen Zone nie lange anhalten; nach einigen Stunden hatten wir einen vollkommen sternhellen und unumwölkten Himmel, und am andern Morgen tauchte die Sonne wie neu aus dem Bénuē, dessen früher staubige, dunkelbuschige Ufer jetzt durch den Regen rein gewaschen waren und wie im Frühlingsgrün prangten. Bei uns in Europa hat man keine Idee davon, wie rasch belebend der erste Regen auf die todte Natur einwirkt. Schon nach einigen Tagen sprosst Alles neu und frisch aus dem Boden, welcher sich wie durch Zauber in einen grünen Teppich voll bunter Blumen umwandelt. Und sobald die Pflanzenwelt erwacht, thut es nicht minder die kleine Thierwelt; Schmetterlinge und Käfer, die man sonst nur in Thälern, wo immer fliessende Bäche und Rinnsale rieseln, bemerkt, treiben sich nun überall umher.

Am andern Morgen endlich nahmen wir von unseren Bassa-Freunden in Loko Abschied und bestiegen unsern hohlen Baum. Dieser Kahn war gerade gross genug, um uns beherbergen zu können; nur Ein Neger stand auf dem Hintertheile, um mit einer Schaufel das schnell stromabwärts treibende Schiffchen zu lenken. In seinem Munde hatte er eine lange Pfeife, die bis auf den Boden ging und nur von Zeit zu Zeit fortgelegt wurde, wenn die Lenkung des Schiffes vielleicht mehr Aufmerksamkeit wie gewöhnlich erheischte. Wenn uns ein anderer Kahn begegnete, dann wurde sicher beigelegt, um einige Züge gemeinschaftlich zu schmauchen. Die meisten hatten sogar ein kleines Feuer in einem irdenen Topfe auf dem Vordertheile des Kahnes brennen, theils um Fische im Rauche des Feuers vor Fäulniss zu bewahren, theils um die Pfeifen anzünden zu können.

Es ist die Sitte des Rauchens hier bemerkenswerth genug; während z. B. in ganz Nordcentralafrika, Uadai, Bornu, Haussa, Bambara etc. überall Taback gezogen wird, verwenden die dortigen Einwohner dies Kraut *nur zum Kauen*, indem sie es pulverisirt mit Natron mischen, zuweilen auch zum *Schnupfen*; erst in der Nähe des Bénuē wird das Rauchen allgemein.

An Abwechselung fehlt es bei dieser Fahrt natürlich nicht; zahlreiche Herden von Flusspferden, Haufen fauler Kaimans, die sich auf den Sandbänken sonnten, fliegende Fische, die unser Fahrzeug umgaukelten, in den dichtbelaubten Bäumen am Ufer Herden von Affen aller Art, die neugierig auf uns herunterschielten,—hier und da, und dies meist am linken Ufer, ein Negerdorf. Auch sah ich die mannigfaltigsten Vorkehrungen zum Fischfange; sie nahmen sich fast wie grosse Vogelbauer aus und standen überall an seichten Stellen im Bénuē. Die Zeit wurde mir nicht lang. Nachts legten wir bei einer Sandbank inmitten im Strome bei, unterhielten aber immer Feuer, damit die gefrässigen Kaimans nicht zu nahe herankämen. Am dritten Tage endlich waren wir im Angesichte *Imaha's*, wo wir bei Sultan *Schimmegē*, einem Freunde des verstorbenen Dr. Baikie, die freundlichste Aufnahme fanden.

Titulaturen und Würden in einigen Centralnegerländern.

Obgleich staatliche Einrichtungen unter den Negern des nördlichen Centralafrikas fast fehlen, so findet man doch bei den Tebu feste gesellschaftliche Einrichtungen, so wenig sie dieselben ausgebildet haben mögen. Von allen Wüstenbewohnern sind sie die einzigen, welche eine stabile monarchische Regierungsform haben, obschon mit sehr beschränkter Gewalt; die Tebu bilden gewissermassen den Uebergang zu der despotischen Staatsform der grossen Negerreiche nördlich vom Aequator und jenen freien, unabhängigen Stämmen, welche als Tuareg-, Araber- und Berber-Triben südlich vom grossen Atlas theils nomadisiren, theils feste Wohnsitze haben.

Die Tebu haben die eigentliche Mitte der Sahara inne: Tibesti, Borgu, Uadzánga, Kauar und einige andere kleine Oasen sind ihre Domänen, im Süden aber dehnen sie sich durch Kanem hin bis an das Ostufer des Tsad-Sees aus und reichen fast bis Bagirmi hinab. Sesshaft in kleinen Ortschaften, von denen die grösste wohl kaum tausend Einwohner erreicht, sind sie dennoch ein wanderlustiges Volk, und ein erwachsener Tebu-Mann verbringt die Hälfte seines Lebens auf den oft unsichtbaren Pfaden der endlosen Wüste, oder in den Steppen und Wäldern, welche die Sahara von den eigentlichen fruchtbaren Ländern Innerafrikas trennen.

Die Tebu haben Könige, welche in gewissen Familien erblich sind, und zwar folgt die Herrscherwürde nicht auf den jedesmaligen Sohn, sondern auf das älteste männliche Glied der ganzen Familie. Der König heisst "derde" (Barth: dirdë bus), jedoch hört man ebenso oft den Kanúri-Ausdruck "mai". Für Erbprinz, obgleich das nicht der Sohn ist, er müsste denn ausnahmsweise der zunächstkommende männliche Sprössling sein, haben sie den besonderen Ausdruck "derde kotiheki"; die übrigen männlichen Mitglieder haben schlechtweg den Namen Prinzen "maina". Die Königin hat den Titel "derde-ádebi".

Da bei den Tebu weder Heere noch sonstige Staatseinrichtungen existiren, so haben sie auch für die verschiedenen Beamten und Chargen, welche damit verknüpft sind, keine Namen. Indess nennen sie den Oberanführer einer Truppe "bui-hento", einen Unterbefehlshaber "esé-gede-bento". Auch für Unterhändler oder Gesandten haben sie den besonderen Ausdruck "iári-kekéntere". Ihre religiösen Beamten haben mit der Religion von den mohammedanischen Arabern ihre Namen in die Teda-Sprache mit hinüber genommen. Als besonders muss noch erwähnt werden, dass die Tebu einen eigenen Ausdruck für den Schatzmeister haben, oder denjenigen, welcher bei den Grossen die Ausgaben verrechnet, er heisst "rezi ukil-benoa". Mit dem eigentlichen Schatze oder mit dem Gelde hat er indess nichts zu thun, denn dies vergraben die Grossen und Reichen eigenhändig, und sind viel zu besorgt und misstrauisch, um den Platz, der meist weit weg von der Wohnung auf einer nicht frequentirten Hammada liegt, auch nur eine zweite Person wissen zu lassen.

So einfach wir nun auch die Tebu-Einrichtungen finden, um so complicirter zeigen sich die der ihnen nahe verwandten Stammesvölker, der Kanúri oder Bewohner von Bornu. Diese und mit ihnen die Höfe der Pullo-Dynastien, an der Spitze Sókoto, haben offenbar Einrichtungen, welche von allen Negerstaaten am meisten denen der gesitteten Völker nahe kommen. Dass mit der Einführung des Islam eine bedeutende Aenderung vor sich gegangen ist, lässt sich aber auch nicht wegleugnen. Während z.B. früher in Bornu der Fürst, der den Titel "mai" hat, sich nicht einmal seinen Grossen zeigte und stets hinter einem Vorhange sprach, ist derselbe jetzt öffentlich sichtbar für Jedermann, spricht sogar in gewissen Fällen selbst Recht. Trotzdem hat sich in naheliegenden Ländern, wie in Bagirmi, Mándara und anderen die Sitte erhalten, dass die Grossen, wenn sie mit dem Könige reden, ihm den Rücken zuwenden, zum wenigsten müssen sie das Antlitz abwenden. Ja in Kuka selbst gehört es noch zum guten Ton, mit abgewandtem Gesicht den "mai" anzureden.

Sehr einflussreiche Stellungen in Bornu haben die jedesmalige Mutter des niai, welche den Titel "magéra" führt, und auf die politischen Verhandlungen influenzirt, dann diejenige Frau, welche legitim verheirathet das Glück hat, den ersten männlichen Erben zur Welt zu bringen; diese heisst "gúmsu". Sie ist zugleich Leiterin des ganzen Harem, der in einem so grossen und mächtigen Staate wie Bornu jedenfalls nicht kleiner ist als der des Beherrschers der Hohen Pforte, und somit zu zahlreichen Intriguen und Ränken Gelegenheit giebt.

Seit dem Sturze der Sefua-Dynastie durch die Familie der Kanemiýn hat man angefangen eine directe Nachfolge einzuführen, obwohl der mohammedanische Glaube, der in Bornu am Hofe verbreitet ist, immer befürchten lassen muss, dass Ausschreitungen vorkommen. Der Thronfolger hat den Titel "y'eri-ma"[6] (nicht tata mai kura, wie Barth sagt, was blos ältester Sohn des Königs heisst, auch nicht tsiro-ma).

Die einflussreichste Persönlichkeit am Hofe von Bornu ist dann zunächst der Dig-ma, was Barth durch Minister des Innern übersetzt hat. Dieses ist aber noch viel zu wenig: der

Dig-ma ist Minister des Inneren, des Aeusseren, Ministerpräsident, kurz er vereinigt nach unseren Begriffen das ganze Ministerium in seiner Person. Natürlich sind in einem Lande, wo alle Geschäfte und Beziehungen fast mündlich gemacht werden, diese der Art, dass Ein Mann ausreicht, um dieselben abzuwickeln. Uebrigens hat der Dig-ma auch seine Gehülfen, von denen der Erste den Titel "ardžino-ma" führt.

Mehr für das eigentliche Hauswesen, besonders für die intimen Angelegenheiten des Sultans dient der Oberste der Eunuchen, "mistra-ma". Gewöhnlich gelangen diese zu grossen Reichthümern, da um irgend eine Gunst vom Sultan zu bekommen, alle Beamten bestochen werden müssen und hauptsächlich der mistra-ma. Der Sultan verzeiht überhaupt den Eunuchen und dem Eunuchenobersten ihre Reichthümer, da er nach ihrem Tode so wie so ihr Erbe ist. Man glaube indess ja nicht, dass diese unglücklichen Geschöpfe darauf verzichten, als Männer gelten zu wollen; nicht nur, dass sie stolz und reichgeschmückt die wildesten Pferde besteigen und Waffen tragen, halten sie sich auch ihr Weiberharem, und der Mistra-ma hat sicher ein ebenso grosses Harem wie der Dig-ma. Mit dem Mistra-ma, jedoch lange nicht eine so wichtige Persönlichkeit, rangirt der Oberaufseher der königlichen Sklaven, welche in der Regel in einer Anzahl, die zwischen 3—4000 Köpfen schwankt, vorhanden sind; sein Titel ist "mar-ma-kullo-be".

Als sonstige Aemter, die mehr oder weniger die Person des Sultans betreffen, finden wir noch den Mainta oder Oberverpfleger. Wenn man weiss, wie gross die täglichen Einnahmen des Mai an Korn, Fleisch, Butter, Honig, Geflügel und anderen Victualien sind, und wenn man andererseits einen Einblick gethan hat, welche Menge von Lebensmitteln alle Tage in die Küche des Königs geliefert werden muss, um die homerischen Schüsseln für den eigenen Haushalt, für den königlichen Rath und für die zahlreichen Fremden, welche als Gäste des Mai aus der königlichen Küche gespeist werden, zu füllen, so wird man sich gestehen, dass das Amt desselben kein unwichtiges ist. Der Mainta hat zugleich die Aufsicht über Küche und Köche. Weniger bedeutend ist die Function des Sintel-ma oder Mundschenks. In einem Staate, wo Wein- oder Biertrinken für ein Verbrechen gilt, lässt sich das leicht erklären. In Bornu besteht die ganze Thätigkeit des Sintelma, seitdem der Islam als Staatskirche proclamirt worden ist, darin, dem Mai die Trinkschale mit Wasser oder eine Tasse Kaffee oder Thee zu präsentiren. Vor dem Essen und nachher hat derselbe ebenfalls das Waschbecken zu bringen, worin der Mai seine Hände abspült.

Das Heer in Bornu ist in drei grosse Abtheilungen getheilt: Reiter, Infanterie, welche zum Theil mit Flinten bewaffnet ist, zum Theil mit Pfeil und Bogen, und die Schangermangerabtheilung; alle führen ausserdem Spiesse und Säbel, die Cavallerie aber nur letztere Waffen. Was die Schangermangerabtheilung betrifft, so ist dies eine Art Garde du corps; ihre Waffe ist ein Wurfeisen von der Länge von zwei Fuss und mit sichelartigen, geschärften Widerhaken versehen, Der Reiteroberst hat den Titel "katšélla-blel", der Infanterieoberst heisst "katšélla-ṅbursa", der Schangermangeroberst "yálla-ma". Die übrigen Offiziere haben schlechtweg den Titel "katsélla", die Hülfsoffiziere oder Adjutanten heissen "kre-ma".

Als besonders wichtig müssen die Commandanten zweier Städte hervorgehoben weiden, der von Ngórnu und der von Yo. Hauptsächlich haben diese wohl deshalb einen besondern Titel, weil der Mai manchmal ausser in Kuka auch in diesen Städten seine Residenz hat. Der Statthalter von Ngórnu heisst "fugu-ma", der von Yo hat den Namen "kasal-ma". Alle Vorsteher der übrigen Ortschaften haben den gemeinsamen Titel "billa-ma", und nach Barth auch "tši-ma", während Koello letzteres Wort mit Abgabensammler übersetzt.

Alle Söhne und männlichen Nächsten des Mai, die obersten Befehlshaber des Heeres, der Dig-ma, der Eunuchenoberst, endlich die "kognáua" (pl. von kógna) versammeln sich alle Tage im Gebäude des Mai und bilden den grossen Rath, nókna genannt. Natürlich vom Mai in eigener Person präsidirt, ist die Stimme des Einzelnen ihm gegenüber ohne alles Gewicht. Der Mai betritt unter Trommelschlag und Musik den Saal erst, wenn Alle versammelt sind, ein "kingaiam" oder Herold kündet seine Ankunft an, wobei die ganze Versammlung sich erhebt, und sich erst wieder setzt, nachdem er selbst Platz genommen hat. Gewissermassen haben die Kognáua höheren Rang als die Befehlshaber der Armee und der Dig-ma, denn erstere dürfen bedeckt bleiben vor dem Mai, während letztere und auch der Mistra-ma nur mit blossem Haupte erscheinen dürfen. An Macht, Reichthum und Einfluss sind jedoch der Dig-ma und Mistra-ma die ersten nach dem Mai. Religiöse Würden sind nur die bei den Arabern üblichen, und ihr Name ist mit geringer Abweichung auch arabisch.

Obgleich Barth behauptet, dass die Communalverfassungen in dem grossen Fulbe-Reiche sehr unentwickelt seien, so kann ich doch für die Reiche, welche ich Gelegenheit zu durchreisen hatte, aussagen, dass ich im Jahre 1867 die Einrichtungen der Staaten Bautši, Keffi-abd-es-Zenga und Nupe ebenso entwickelt fand wie die von Bornu, möglich auch, dass seit der Zeit schon eine Umwandlung vor sich gegangen war, oder in den nördlichen Staaten, welche Barth auf seiner ruhmvollen Reise nach Timbuktu durchzog, die Einrichtungen nicht so scharf ausgeprägt waren.

Das grosse Pullo-Reich Zókoto zerfällt in viele Staaten, die alle mehr oder weniger unabhängig von der Hauptregierung sind, aber dennoch alle den Kaiser von Zókoto, der "bába-n-serki" heisst, anerkennen und ihm jährlichen Tribut zahlen. Der Bába-n-serki gilt ihnen nicht allein als weltlicher Regent, sondern ist auch geistiges Oberhaupt und führt als solcher den arabischen Titel "hákem-el-mumenin" oder Beherrscher der Gläubigen.

Im Lande Bautši, von den Arabern Jacóba (auch Vogel und v. Beurmann nennen die Stadt so, der eigentliche Name ist indess Bautši) genannt, steht an der Spitze der Regierung ein König, "lámedo" genannt. Obgleich unumschränkter Herrscher, hat er doch mit vielen unterworfenen Stämmen eine Art Vertrag machen müssen, durch welchen die Abgaben, welche zu entrichten sind, fest bestimmt wurden, und, was sehr wichtig ist, gleichzeitig festgesetzt wurde, dass von ihm im eigenen Lande keine Sklavenraubzüge ausgeführt werden dürfen. Der Lámedo hält alle Tage offene Gerichtssitzung, in der er selbst jede Partei verhört und aburtheilt.

Bei den Tebu, also den nördlichsten Negern von Afrika, finden wir die eigenthümliche Erscheinung, dass die Eisen- und Silberschmiede wie eine ausgestossene Kaste betrachtet werden. Kein Tebu darf die Tochter eines Schmieds heirathen, kein Schmied bekommt die Tochter eines freien Tebu. Einen Schmied beleidigen gilt schon für Feigheit, weil er eben von den übrigen Tebu als vollkommen unzurechnungsfähig gehalten wird. Es liegt hier unwillkürlich der Gedanke nahe: sind die Schmiede bei den Tebu vielleicht anderen Stammes, vielleicht unter die Teda eingewanderte Juden? Aber weder in Sprache, Haar, Gestalt noch Hautfarbe unterscheiden sie sich auch nur im allermindesten von den übrigen Teda, und diese selbst behaupten, sie seien von ihrem Fleische und Blute, nur das

Handwerk mache sie verächtlich.—Gerade das Gegentheil nun sehen wir in Bautši; hier hat der Erste der Zünfte der Schmiede den höchsten Rang nach dem Lámedo, sein Titel ist "serki-n-ma-kéra", was man durch Gross-Eisenmeister übersetzen kann. Und wie sehr überhaupt die Handwerke in diesem Staate, der von Pullo's regiert wird, aber zum grössten Theile Haussa-Unterthanen hat, in Ansehen stehen, geht daraus zur Genüge hervor, dass alle Handwerke in Zünfte getheilt sind, an deren Spitze ein Meister steht, der den Namen Fürst hat, denn "serki" heisst Fürst oder Prinz. So finden wir unter anderen einen Fürsten der Schneider, "serki-n-dúmki", einen Fürsten der Schlächter, "serki-n-faua".

Die Stelle, welche in Bornu vom Dig-ma versehen wird und unserem Ministerium entspricht, versieht in Bautši der "galadima", aber fast ebenso wichtig ist die des intimen Rathgebers des Lámedo, der den Titel "be-ráya" hat; nur dieser darf in die fürstliche Wohnung dringen, falls der Lámedo sich zurückgezogen hat. Das Harem darf selbstverständlich nur vom Obersten der Eunuchen Yinkóna betreten werden. Obgleich alle Pullofürsten für gewöhnlich äusserst einfach gekleidet sind, und sich in Nichts von den sie umgebenden Grossen unterscheiden, so haben sie doch ein eigenes Amt für den Mann geschaffen, der sie bei festlichen Gelegenheiten mit den dann prächtigen Gewändern bekleidet, er heisst Zoráki. Wichtige mit der Person des Lámedo verknüpfte Aemter sind ferner das des Obersten der Vorreiter, ma-dáki genannt, des Palastgouverneurs "uombé" und des Schatzmeisters "adzia". Natürlich ist in diesen Staaten, wie das ja früher auch bei uns war, der Privatschatz, des Königs zugleich der des Landes, indem das ganze Land als Eigenthum des Königs betrachtet wird. Anders verhält es sich mit den Waffen, von denen Bogen, Pfeile und Säbel in einem eigenen Hause aufbewahrt werden; diese werden nur als öffentliches Eigenthum betrachtet und der Hüter davon ist immer ein ansehnlicher Beamter, er hat den Titel "bendóma". Nicht unwichtig ist der Posten des Obersten der Gefangenen, der zugleich Scharfrichter ist und "serki-n-ara" heisst.

Wie geordnet auch sonst die Zustände sind, geht ferner daraus hervor, dass man einen eigenen Marktvogt hat; freilich sind in Bornu diese auch auf den Märkten, haben jedoch nicht eine so wichtige Stellung, ihr Titel ist "serki-n-kurmi".

Als Truppengattung finden wir in Bautši nur Reiter und Infanterie, letztere mit Bogen und Säbel bewaffnet; Lanzen und Schangermanger namentlich, sieht man hier gar nicht mehr. Einige wenige der Reiter haben schlechte Gewehre, die meisten nur Säbel und Bogen. Die Pfeile der Bogenschützen sind natürlich alle vergiftet, meistens mit Gift aus Euphorbien. Der Befehlshaber der Fusstruppen heisst "serki-n-yáki", der der Reiterei "serki-n-dauáki".

Einen besonderen Titel hat der Commandant der Stadt Uossé, nämlich "serki-n-dútsi"; dieser hat die Aufgabe, das Vordringen der südlichen heidnischen Stämme zu verhindern. Ferner der Hauptmann sämmtlicher *nicht* Pullovölker, und da diesen in Bautši eine grosse Zahl von Stämmen angehören, ist sein Posten ein sehr wichtiger; er heisst "sénnoa".

Auch in dem Pullo-Staat Nyfe oder Nupe sehen wir das militärische Element bedeutend mehr hervortreten, und, weil an beiden Seiten des mächtigen Nigerstromes gelegen, finden wir, da Nupe eine bedeutende Kriegsflotte hat von Schiffen, die bis mit hundert Matrosen bemannt sind, die Charge eines Admirals. Gleich nach dem Könige, der "etsu" heisst, kommt der Admiral der Nigerflotte, betitelt "bargo-n-gioa", wörtlich "Spiegel der Elephanten"[7]. Die Königin, obgleich dieselbe in Nupe ganz ohne Einfluss ist, hat denselben Titel wie der König. Mit der Stelle eines Admirals ist zugleich die des Obersten der Sklaven verbunden, wohl aus dem Grunde, weil die Ruderer der Schiffe alle aus Sklaven bestehen.

Es kommen dann der Reihe nach zuerst der "dam-ráki", der erste Rathgeber des Etsu und in seiner Person das Ministerium vereinigend. Nach ihm natürlich der Eunuchenoberst, "indatoráki", dann der Oberpolizeidirector, der zugleich, wie überall dort, die Auszeichnung hat, Scharfrichter zu sein. Der Titel des letzteren ist "serki[8]-n-dogáli". Da aber auch in den Nigerländern wie in Yóruba die Sitte des Pfählens, selbst als gewöhnliche Strafe allgemein ist, und es nicht leicht ist, einem Menschen einen Pfahl der Art von unten der Länge nach durch den Körper zu schieben, dass der Pfahl durch Hals und Mund herauskommt, so hat er natürlich einen ganzen Schwarm von Helfershelfern. Nach diesem kommt dann zunächst der Fremden Vorführer "serki-n-fada", eine Charge, die an den übrigen Pullohöfen sich nicht zu finden scheint. Gleich an Rang stehen der Obervorreiter "sigi", der Oberkoch "serónia" und der Oberschreiber, der wie immer den arabischen Namen "liman" hat.

Da der König von Nupe fast immer im Felde ist, so hat er einen Stellvertreter in der Hauptstadt creiren müssen; oft ist dies sein vorbestimmter Nachfolger, sein Titel lautet "zitzu". Der Rath um den König besteht aus den Grossen, "seráki" (pl. von serki) genannt, und das Heer wird von einem Obergeneral angeführt, der "maiaki" genannt wird. Die beiden Waffengattungen, Reiter und Fussvolk, heissen "bendoáki" und "serki-n-kárma". Ganz in der Nähe des englischen Einflusses könnte der Nupe-Staat einer grossen Zukunft entgegen gehen, und gerade hier, von der englischen Colonie Lokódža aus, sollten Missionäre dem jetzt eindringenden Islam Halt zurufen. Für diese Gegenden würden katholische Geistliche den protestantischen vorzuziehen sein.

Die Art der Begrüssungen bei verschiedenen Neger-Stämmen.

Vom Grüssen eines Volkes auf seinen Charakter oder seine Handlungsweise im Allgemeinen schliessen zu wollen, würde wohl zu weit gehen, denn wenn man auch behauptet hat, dass z. B. die Deutsche die vorwärts schreitende Nation ("wie geht es?"), die Französische die Moden machende ("comment vous portez-vous?"), die Englische die handelnde und schaffende ("how do you do?"), die Italienische die still stehende ("come sta ella?") sei, so hat das doch keinen wahren Grund. Indess bieten der mündliche Gruss und die damit gebräuchlich verbundenen Ceremonien und Körperbewegungen so manches Interessante, dass es mir wichtig genug schien, auf meiner dritten Reise durch den Afrikanischen Continent meine Aufmerksamkeit auch hierauf zu lenken, und nachstehende Notizen geben Aufschluss über die verschiedenartigen Grüsse und die Gebräuche, welche damit verbunden sind, so weit es die Stämme der schwarzen Raçe anlangt, die ich selbst zu besuchen Gelegenheit hatte.

Es ist nicht abzustreiten, dass auf die nördlichen Neger-Stämme der Islam, namentlich was die Begrüssungsart anbetrifft, einen bedeutenden Einfluss ausgeübt hat, denn das essalámu aléikum und aléikum essalam ist eine religiöse Vorschrift, und so finden wir diesen mohammedanischen Gruss vom Atlantischen Ocean bis an den Indischen durch zwei Continente hin verbreitet.

Aber auch nur diese Formel ist von den nördlichen Neger-Stämmen angenommen, im Uebrigen stehen sie im

Allgemeinen selbstständig und unabhängig vom Arabischen Einfluss da.

Der am meisten nach Norden vorgeschobene Neger-Stamm ist die Tebu-Familie, welche sich selbst Teda nennen und eng mit den Kanúri und Búdduma verwandt sind. Die Wohnsitze der Teda sind in der Wüste nördlich vom Tsad-See, dann im fruchtbaren Central-Afrika, westlich und östlich vom genannten Wasserbecken.

Als kriegerisches Volk sind sie immer auf einen Angriff gerüstet, vielleicht kann auch Vorsicht dabei zu Grunde liegen, dass zwei sich begegnende Tebu auf zehn Schritt und mehr Entfernung von einander Halt machen, sich in die Hucke setzen, den langen Spiess aufrecht in der Hand haltend: *Lahin kénnaho* ruft der Erste, worauf der Andere *getta inna dŭnnia* hinüber antwortet. Nun ergiessen sich beide in unzählige *Lahá, Lahá, Lahá*, welche, je höflicher man sein will, man um so mehr repetirt. Nachdem sie sich so einer Untersuchung unterworfen und nichts Verdächtiges gefunden haben, nähern sie sich; man giebt sich mit den Fingern einen leichten Druck, ohne jedoch die Hand wie bei den Arabern und Berbern hernach zum Munde zu führen, und der zuerst Angeredete wiederholt dann *getta inna dŭnnia*, worauf der Andere *Lahin kénnaho* antwortet.

Sind die Leute mit einander bekannt, so fragt man sich nun gegenseitig nach Familie, Frau, Kind, Vieh, Marktpreisen, seinen gemeinsamen Freunden und Bekannten, welche einzelne Fragen immer durch viele killahá, *killahénni, killa Allaha* unterbrochen sind; man fragt, ob Feinde am Wege lauern, ob der Weg oder ein anderer vorzuziehen sei, ob die Brunnen nicht verschüttet seien etc., immer eben angeführte Worte untermischend.

Die Weiber grüssen sich ganz auf ähnliche Weise, was die

Worte anbelangt, nur unterlassen sie natürlich die Vorsichtsmassregel, sich auf weite Entfernung von einander niederzusetzen. Eine Frau redet indess nie den Mann zuerst an, sondern erwartet den Gruss, wobei sie dann niederkniet, während die Männer blos hocken; Frauen unter sich pflegen indess auch nur zu hocken, in Gegenwart von Männern jedoch nehmen sie immer eine kniende Stellung ein.

Tritt man in ein Haus, so ist der gewöhnliche Gruss *labáraka* (aus dem Arabischen) und die Antwort *lábara Lahá* (aus dem Arabischen). Kinder, Verwandte und Freunde, letztere jedoch sehr ausnahmsweise, küssen sich zärtlich, jedoch küssen Kinder einem heimkehrenden Vater, oder kommen sie selbst von einer Reise zurück, nur die Hand.

Beim Abschiednehmen sagt man *temésches* (aus dem Arabischen), während der Bleibende *killaháde* nachruft. Jederzeit kann man dann noch *killahá, killahénni, killa Allaha* sagen.

Der Gruss der Tebu gegen einen König oder Maina (Prinz) ist ganz auf gleiche Weise.

Bedeutend ceremoniöser in ihren Grüssen sind die Kanúri-, die Mándara- und Búdduma-Völker, obgleich sie unter sich, sowohl was Worte als Handlung anbetrifft, wenig oder gar nicht von einander abweichen. Da die Höfe und Grossen dieser Stämme mit Ausnahme der Búdduma Mohammedaner sind, so wird auch eben nur von den Höflingen das *essalámu aleïkum* gebraucht, während das Volk sich bei seinen nationalen Grüssen hält.

Als Eingangsgruss bedienen sich diese Stämme gewöhnlich der Worte *Lalē, Lalē, Lalē* und erkundigen sich dann nach dem Zustand der Dinge im Allgemeinen mittelst der Worte *afi l'abar* (l'abar kommt aus dem Arabischen, von *el-achbar*, die Neuigkeit, während afi echt Kanúri ist). Dies wiederholen sie mehrere Mal, indem sie sich oft die Hand dabei reichen, oft auch nicht. Gleich darauf—und dies ist sehr bezeichnend für die empfindlichen Neger—erkundigen sie sich nach dem Zustande der Haut: ṅda tégē, wie ist die Haut?, und schalten hin und wieder, namentlich wenn sie Mohammedaner sind, ein *Hamd alláhi* ein. Sehr gebräuchlich ist auch der bei allen Sudan-Negern eingebürgerte Gruss *l'áfia*, der jedoch auch aus dem Arabischen entnommen ist und so viel wie Friede bedeutet.

Das eben Angeführte gilt beim Grüssen zwischen Gleichen, sobald indess ein Niederer einen Höheren antrifft oder besucht, gestalten sich die Verhältnisse ganz anders; der Niedere wirft sich vor dem Höheren auf die Erde, berührt mit der Stirn den Sand und untermischt die gewöhnlichen *Lalē, Lalē* mit häufigen *Alla-ká-bondjo*, Gott sei dir gnädig, oder ṅgúbbero degá, (Gott) lasse Dich lange Zeit (leben). Dies Letzte entspricht also wörtlich dem Arabischen Allah ithol amreck. Will man sehr höflich und unterthänig sein—und namentlich geschieht das vor dem Sultan—, so streut man sich etwas Staub auf sein Haupt oder macht wenigstens die Miene, als ob man es thäte. Es gehört überdies zum guten Brauch, einer höheren Person nicht ins Gesicht zu sehen, sondern beim Reden den Kopf seitwärts zu drehen. In Mándara, wo am Hofe die alten Sitten noch reiner bewahrt sind, bemerkte ich sogar, dass sämmtliche Höflinge und Anwesende dem König den Rücken zudrehten, selbst wenn sie mit Seiner schwarzen Majestät sich unterhielten, als ob sie die Macht und Herrlichkeit des Königlichen Antlitzes nicht ertragen könnten; auch selbst am schon civilisirteren Hofe von Bornu pflegen die alten kognáua (Plural von kógna, welches Wort Barth so treffend durch unser Deutsches "Hofrath" übersetzte) noch eine gleiche Sitte zu beobachten.

Die Frauen, welche in Bornu, ob mislemata oder Heiden, alle

unverschleiert gehen, überhaupt eine den Männern vollkommen gleich berechtigte Stellung sich zu bewahren gewusst haben, grüssen sich unter einander auf ganz gleiche Weise; falls sie mit Männern zusammenkommen, erwarten sie indess, wie das ja auch bei uns der Fall ist, dass man sie zuerst grüsst.

Andere Redensarten der Kanúri, welche sie jedoch mit anderen um sie herum wohnenden Neger-Stämmen gemein haben, sind: *ṅdáni, adak ke l'áfia—adak ke l'áfia, ke l'áfia lē*. Letztere Redensart ist sehr gebräuchlich und bedeutet ungefähr unser "wie geht es?" Endlich haben sie für "Willkommen" die aus dem Haussa herüber bekommene Redensart *usse-usse*; dieser letzte Ausdruck kann auch für "danke" benutzt werden, obgleich die Kanúri für "ich danke" das echte, aber fast nie angewandte Wort *gode-ṅgin* haben.

Geht man von Bornu westwärts, so stösst man zunächst auf die grosse Nation der Haussa, augenblicklich von den Fulan oder Fellata beherrscht. Ehedem auch unter grossen nationalen und despotischen Dynastien stehend, sind ihre Begrüssungen auch natürlich sehr ceremoniös. Eine Frau begrüsst z.B. einen Mann nur knieend und unterwegs kniet sie so lange nieder, bis der Mann vorüber ist; tragen sie dabei eine Bürde auf dem Kopfe, so setzen sie dieselbe ab. Der männliche Theil der Bevölkerung macht weniger Umstände, namentlich wenn es sich um Gleiche dreht; eine einfache Berührung der Finger, die man hernach zum Munde führt, mit dem auch in Bornu eingeführten Ausruf *Ssünno, ssünno* oder *l'áfia* reicht gewöhnlich hin. Als Zeichen der Freude, namentlich bei einem frohen Zusammentreffen, haben die Haussaer *etjau-etjau*.

Sind sich zwei Individuen näher bekannt, so erkundigen sie sich specieller nach dem gegenseitigen Befinden: "*Akekéke*", "wie bist Du?", "*kol l'áfia*", "mit dem Frieden", d.h. sehr gut, oder *"kenna l'áfia"*, "wie geht's?", was der Andere mit *"ranka schidéde tol amrek"* ("ich danke, Gott verlängere deine Existenz", wovon die letzte Hälfte Arabisch ist) erwiedert. *"Allah schibáka ioreih"* ist der den Segen Gottes auf das Haupt eines Freundes erflehende Schlussgruss.

Vor einer höheren Person oder einem Könige werfen sich die Haussaer wie die Kanúri in den Staub und streuen sich etwas Sand auf das Haupt oder machen doch die Bewegung nach. Allgemein ist auch die Sitte, dass ein Niederer, falls er vor einem höher Gestellten sich zeigt, die Tobe von den Schultern zurückzieht, und fast alle Negerstämme einschliesslich die Kanúri haben in ihrer Sprache einen besonderen Ausdruck für dies Zurückschlagen.

Ganz anders in ihrem Auftreten sind die Fulan oder Fellata, die sich selbst Pullo nennen und in Sókoto und Gando zwei der mächtigsten und grössten Reiche in Centralafrika gegründet haben. Dies räthselhafte Volk, nach dessen Ursitzen man bis jetzt vergeblich gesucht hat und von dem man nicht weiss, ob man es zu den Negern, zu der Malayischen oder der weissen Raçe rechnen soll, und das hauptsächlich zwei Hauptstämme bildet, die sogenannten Bornu-Fulan und die Melē-Fulan, ist zum Theil, und namentlich die Melē-Fulan, schon vor Zeiten zum Islam übergetreten, während auch noch Viele und namentlich die, welche dem Nomadenleben treu geblieben, Heiden sind. Sie haben durch ihre lange Praxis der mohammedanischen Religion Vieles aus dem Arabischen entlehnt.

"Allah rhina, Allah rhina" rufen sie sich beim Begegnen zu und es entspricht dies unserem "grüss' Dich Gott", das l'áfia haben sie ebenfalls wohl aus dem Arabischen bekommen und ihr *mad' Allah, mad' Allah*, welches bei ihnen einen besonderen Grad von Zufriedenheit bedeutet und für "danke" gebraucht wird, lässt sich auf das Arabische

zurückführen. Immer freies, nie geknechtetes Volk haben die Fellata gar keine besonderen Ceremonien beim Grusse und in Garo-n-Bautschi (Jakoba) hatte ich Gelegenheit zu sehen, wie bei den öffentlichen Audienzen, die der Sultan oder, wie die Pullo ihn tituliren, Lámedo gab, Jeder ohne Umstände sich nähern konnte.

Um "guten Morgen" auszudrücken, bedienen sich die Fulan des Wortes *ualidjim*, um "guten Abend" zu sagen, des Wortes *infinidjim*; ausserdem schalten sie überall *uódi, dumbódi* ein, Worte, die sich nicht genau übersetzen lassen, aber einen besonderen Grad von Zufriedenheit und Freude ausdrücken sollen.

Fast ganz fremd vom Einflusse des Arabischen sind die Grüsse der am Bénuē ansässigen Stämme der Afo- und Bassa-Neger. Obschon sie von den Haussaern das *Ssünno-ssünno* und *l'áfia-l'áfia* herübergenommen haben, wenden sie es jedoch selten unter sich an, alle Fremde dagegen bewillkommen sie mit dem Arabischen Grusse *mábah-mábah* (zusammengezogen aus marabah), der ihnen jedoch auch nur durch Vermittelung von Haussa zugekommen ist. Vollkommene und echte Fetischanbeter haben sie aber sonst von den religiösen Grüssen der Araber gar keine und beim Begegnen unter sich haben sie den eigenthümlichen Gebrauch, dass sie sich den Vorderarm an einander legen, der Art, dass einer dem anderen den Ellenbogen umfasst, dabei äussern sie dann ihre nationalen Grüsse *kundo-kundo kundore, kundokora*, die sie je nach den Umständen längere oder kürzere Zeit wiederholen. Da sie nur kleine, von einander unabhängige Staaten bilden, so ist bei ihnen von Hoch und Niedrig keine Rede.

Die, welche hauptsächlich den Schiffsverkehr auf dem unteren Bénuē besorgen, rufen sich im Vorbeifahren die einfachsten Vokale zu, und wenn sie ihr Kanoe nicht anhalten, um mit dem Führer des entgegenkommenden Baumstammes einige Züge aus der langen Pfeife, die Alle immer bei sich haben, zu rauchen, so lassen sie es von Weitem bei Eïa, o, a, o, o, a, eïa, o, a, o etc. bewenden. Sie rufen sich dies so lange zu, wie sie ihre Stimme hören können.

Die am Niger ansässigen Nyfe-Völker, welche Theil eines mächtigen Königreiches sind, haben viel ausgebildetere Formen und Worte, um den Gruss auszudrücken, als die eben genannten Bassa- und Afo-Neger.

Beim Begegnen machen sie eine knixende Verbeugung, ja untergeordnete Leute bleiben so lange in knixender Stellung, bis der ganze Gruss vorüber ist. Dabei nehmen sie den Hut nach Art der Europäer ab, sowohl wenn sie sich als Gleiche grüssen als wenn ein Untergebener sich vor einem Höheren befindet. "Guten Tag" drücken sie durch *beléni* aus, worauf der Angeredete mit *madjiobú*, ich danke, oder *aku-beni*, wie geht es? antwortet. Beim Weggang sagt man *meeda*, ich gehe, und erhält dann ein *ssassamidji*, grüsse zu Hause, mit auf den Weg. Abends bietet man *uku-be-gédi*, guten Abend, und bekommt *odjilo-suáni* zurück. Beim Aufstehen fragt man *uanáni*, hast du gut geschlafen?, oder *aku-bolósun*, hast du die Nacht gut zugebracht?

Vor ihrem Fürsten—in diesem Augenblick ist es König Massaban—sind die Nyfenser sehr demüthig. Ich bemerkte, dass, so oft der König einem der Anwesenden etwas Schmeichelhaftes sagte oder ihm einige Kola-Nüsse, welche überall in Central-Afrika bei den Negern unseren Kaffee vertreten, gab, der so beglückte Neger an die Thüre eilte, sich prosternirte, indem er dem König den Rücken zuwandte, und Sand auf sein Haupt warf, ohne weiter Etwas dabei zu reden.

Leider gingen mir beim Uebersetzen von Ikoródu nach Lagos, wo einer der fürchterlichsten Tornados noch am Schlusse der Reise uns fast alle durch Schiffbruch dahin gerafft hätte, meine Papiere, welche die interessanten Aufzeichnungen über die Grussformen der Yóruba-Neger enthielten, verloren. Durch die zahlreichen Missionen, dann durch die vielen Bücher, welche über die Yóruba - Sprache durch den gelehrten Bischof Crowther (ein ehemaliger Sklave und jetzt ein tüchtiger Verbreiter des Christenthums und der Civilisation unter den Negern) herausgekommen sind, lassen sich indess Details leicht bekommen.

Die Yóruba sind das höflichste und demüthigste Volk der Welt. Niemand begegnete uns in den dichten Urwäldern, der nicht sein *aku-aku* oder *aku-abo* gerufen hätte; unter sich beknixten sich die Männer und blieben oft in knixender Stellung, bis sie sich ausgegrüsst hatten. Vor ihren Häuptlingen und Königen werfen sie sich platt auf den Bauch und legen oft noch die rechte und dann die linke Wange in den Staub. Erst auf einen Wink oder ein Wort vom König erheben sie sich, um in hockender Stellung zu reden.

Bei den Idjebu (s. Grundemann's Missions-Atlas), die eigentlich nur ein Zweig der Yóruba sind, ist ebenfalls das sich auf den Bauch Werfen gebräuchlich, nur wird es noch, sobald das Individuum sich auf die Erde geworfen hat, mit einem eigenen Schnalzen der Finger der rechten Hand begleitet, indem sie den rechten Arm dabei rechts seitwärts vor sich her schleudern. Es machte einen ganz komischen Eindruck, wenn König Tapper in Lagos, der jetzt von den Engländern pensionirt ist, in die O'Swald'sche Faktorei kam, um mit uns zu frühstücken, wie sämmtliche Sklaven, sobald sie denselben erblickten, aus alter Ehrfurcht wie auf Kommando sich auf die Erde warfen und mit den Fingern der Rechten ein Schnippchen schlugen bei fortwährendem

Rufen von *aku-aku*.

Nachstehende Negergrüsse verdanke ich den freundlichen Mittheilungen der Herren Wiedmann und Locher, die, an der Westküste von Afrika als Missionäre der Basler Gesellschaft stationirt, ihrer Gesundheit halber nach Europa herübergekommen sind.

Die Akkra-Neger (an der Goldküste) begrüssen sich des Morgens mit *Awuo*, ausgeschlafen?, worauf der Angeredete erwidert *miwuo djogba*, ich habe gut geschlafen. Beim Begegnen rufen sie *henni odje*, wo kommst Du her?, und der Angeredete sagt *Ble-o*, Friede, oder auch *eiko*, Glück auf, und *yae*, ich danke. Letzteres sagt man besonders, wenn man Leuten begegnet, die eine Last tragen oder beim Arbeiten sind. Die Akkra-Völker nehmen den Hut ab und machen eine Verbeugung; sind sie mit einer Tobe bekleidet, so muss dieselbe zurückgeschlagen werden, namentlich vor Höheren streift man sie von den Schultern.

Betreten sie ein Haus, so fragen sie *Teoyoteng*, wie geht es?, und erhalten *miye-djogba*, ich bin wohl, zur Antwort. Beim Abschiede des Abends sagen sie *miya wúo*, ich gehe schlafen, und der Andere erwidert *ya wúo djogba*, geh', schlafe wohl.

Ausserdem haben die Akkra eine Menge Redensarten, um sich nach Abwesenden zu erkundigen: *Djeibi*, wie geht's den Leuten dort? *Ameye-djogba*, sind sie wohl? *Yeikebukeho*, wie geht's den Weibern, den Kindern und den Schwangeren? (nach Herrn Locher liegt dies Alles in dem Einen Wort). *Ame fe ame ye djogba*, sie alle sind wohl. Ueberdies bemerkt Herr Locher, dass bei den Akkra-Negern jetzt überall das Englische *good morning* eingebürgert sei, wie das überhaupt wohl an der Küste von Guinea der Fall ist.

Noch complicirter gestaltet sich nach Herrn Wiedmann bei

den Tji-Negern (Otji-tribes, Grundemann) das Grüssen. Für "guten Morgen" haben sie *magye*, für "guten Tag" *mahao*, für "guten Abend" *madyo*. Im Allgemeinen ist der Gegengruss *Ya-aherar* oder *Ya-adyo*. Dann aber richtet sich, was merkwürdig genug ist, Gruss und Gegengruss nach dem Tage der Geburt; so ist Frage und Antwort z. B. ganz verschieden, ob ein Individuum Montags, Dienstags oder an einem anderen Wochentage geboren ist. Ein Montags Geborner z.B. bekommt *ya eisi* zum Gruss.

Für "gute Nacht" sagen die Tji-Neger *me-nopáo* und erhalten *ya da ya* zur Antwort. Wie befindest Du Dich? drücken sie durch *Wo ho tedeng* aus und *me ho ye*, ich bin wohl. Sie erkundigen sich durch *ming mu ye*, wie steht's in der Stadt?, und erwidern darauf *ming mu ye fu*, in der Stadt steht's gut.

Begegnen sich zwei, so ist der gewöhnliche Gruss *aichia*, Wo kommst Du her? *Wufike*, oder von wo bist Du? *wokohe*. Endlich *nante ye*, reise glücklich. Für Willkommen haben die Tji-Neger mit allen Yóruba-Völkern das *aku-abo* gemein. Häufig mischen sie ein *me adamfo*, mein Freund, mein Wohlthäter, unter ihre Grüsse. Besondere Ceremonien beobachten die Tji-Neger bei ihren Grüssen nicht.

Von Magdala nach Lalibala, Sokota und Anatola, April/Mai 1868.[9]

Am 13. April 1868 wehte die englische Flagge auf den drei Amben von Magdala, freilich nur für einige Tage, aber ein Ereigniss wichtig genug mit seinen damit verknüpften Erfolgen, immer eine der merkwürdigsten Thaten der Englischen Armee, welche sie bis jetzt vollbracht hat, zu bleiben. In der That, die Befreiung der europäischen Gefangenen, die Vernichtung des abessinischen Heeres, der Tod des Negus Negassi, die Einnahme von Magdala erfolgten so rasch nach jenem beschwerlichen Marsche durch Abessinien, dass selbst wir Theilnehmer der Expedition uns oft hinterher fragten, wie Alles so schnell und glücklich zu Ende kommen konnte. Und Magdala, für einige Monate der Aufenthalt der europäischen Gefangenen, von Theodor für unüberwindlich gehalten und daher als sein letzter Zufluchtsort ausgesucht, dann für einige Tage Standquartier einer englischen Brigade, ist jetzt nur noch, was es ursprünglich war, ein interessanter Punkt, denn wohl schwerlich werden die plündernden Galla etwas noch Brauchbares dort oben lassen, sie werden die Kirche zerstören und höchst wahrscheinlich die Gebeine ihres Erzfeindes, der bei seinen Lebzeiten Tausende ihrer Brüder mit kaltem Blute erwürgte, in alle Winde zerstreuen.

Etwas südlich von Beschilo sich erhebend sendet der Magdala-Berg seine Bäche diesem Flusse zu, welcher nach Aufnahme der Djidda dem blauen Nil oder Abai zufliesst. Der Magdala-Berg selbst besteht aus drei verschiedenen oben flachen Amben oder Plateaux, dem nördlichen oder

Selasse, dem westlichen Fala und dem eigentlichen Magdala, welches am weitesten nach Süden zu liegt. Die Vegetation in dieser Gegend ist reichlich und besteht meist aus Mimosen, aber zur Zeit unserer Anwesenheit war Alles vertrocknet und verbrannt und nur der in Abessinien überall vorkommende Kandelaber-Baum (Kolkual-Euphorbia) bringt etwas Abwechselung in die Gegend. Das Gestein ist durchaus vulkanisch um Magdala und namentlich die nahen Bänke des Baschilo zeigen die schönsten Basaltsäulen. Von der Thierwelt der Umgegend ist nichts besonders Merkwürdiges zu berichten, wenn man nicht in der Käfer- und Insektenwelt nach Neuem suchen will, und dann muss man zur Regenzeit dort sein. Grosse reissende Thiere scheinen selten zu sein und selbst Hyänen hörten wir fast gar nicht, freilich hatten sie vollauf zu thun, da gerade vor unserer Ankunft König Theodor am Charfreitag zweihundert abessinische Gefangene in einen Abgrund hatte stürzen und auf die etwa Ueberlebenden schiessen lassen. Einheimische Bevölkerung giebt es augenblicklich nicht mehr in Magdala nach dem grossen Exodus, den die Engländer nach dem Tode Theodor's veranstaltet haben. Die, welche wir vorfanden, waren aus ganz Abessinien zusammengetrieben, aus Semien, aus Tigre, aus Godjam, aus Begemmder etc., und jetzt zerstreuen sie sich wieder, Jeder nach seiner alten Heimath, und so wird Magdala wieder, was es früher war, Besitz der Galla.

Als am 16. April die meisten Angelegenheiten geordnet waren, d.h. die wenigen Befestigungen geschleift, dann die Kanonen des abessinischen Königs gesprengt, bereitete sich die englische Armee zum Rückmarsch nach Zula vor und ich, schon früher entschlossen, nicht auf demselben Wege zurückzukehren, auf dem ich mit der Armee gekommen war, trennte mich gleich hier von ihr. Freilich konnte ich meinen ursprünglichen Plan, den Dembea-See und Gondar zu besuchen, nicht ausführen; theils war die Regenzeit vor der Thür, theils sollten, was sich aber als falsch erwies, die Gegenden nach Westen hin unsicher sein; aber ich beabsichtigte, wenigstens über Lalibala nach Sokota zu gehen, um durch eine neue Route der Geographie nützlich zu sein.

Man wird zwar wenig Neues auf diesem meinem Wege finden; Abessinien ist nach allen Richtungen so von Reisenden durchkreuzt, Land und Sitten sind so ausführlich beschrieben worden, dass man von der kurzen Zeit, die mir vor den Tropenregen blieb, nicht viel erwarten wird. Ich weiss auch nicht so interessante Abenteuer zu berichten, wie sie Bruce erzählt, glaube aber auch, dass das nur Ausnahmsfälle sind. Man darf das Leben und die Sitten eines ganzen Volkes nicht nach einzelnen Vorfällen beurtheilen, und wenn ein Fremder zufällig in Berlin oder Hamburg eine jener Bacchanalien mitgemacht, würde er sehr Unrecht haben, wenn er danach auf die Sitten des ganzen deutschen Volkes schliessen wollte. Eben so Unrecht würde es sein, weil Theodor und natürlich alle seine Soldaten, die blindlings jeden seiner Winke vollstreckten, Ungeheuer von Grausamkeiten waren, diess dem ganzen abessinischen Volke aufbürden zu wollen.

Für uns ist Abessinien hauptsächlich interessant, weil sein Volk durch Jahrhunderte hindurch vom Islam umgeben den christlichen Glauben bewahrt hat, obgleich das Christenthum der Abessinier Nichts mit der Lehre gemein hat, wie sie heut zu Tage der gebildete Europäer auffasst. Zur Zeit der portugiesischen Expedition unter Rodrigo und Alvares fanden diese zwar viele Anknüpfungspunkte mit der abessinischen Religion, aber weil damals in Europa die christliche Religion fast nur in Aeusserlichkeiten bestand, konnte sich Alvares darüber wundern, dass die Messe nicht ganz wie bei den Portugiesen abgehalten wurde, dass man ausser der ersten eine alljährliche Taufe beobachte, dass man die Beschneidung beibehalten habe und ausser dem Sonntag den Samstag heilig halte. Zu unserer Zeit, wo man im Christenthum etwas ganz Anderes sieht als die Beobachtung äusserer Gebräuche, würden wir höchstens sagen, die Abessinier seien dem Namen nach Christen, dem Wesen nach aber Islamiten oder Juden, d.h. Solche, deren Religion sich nur auf die Vollziehung äusserer Gebräuche basirt.

Aber nicht nur sein Volk ist es, was uns Abessinien so interessant macht, das Land selbst, die Pflanzen- und Thierwelt, die es hervorgebracht hat, müssen uns das grösste Interesse einflössen. Abessinien ist in Afrika ein Land für sich, was die Schweiz für Europa ist, ist es für Afrika, und wenn wir die Schweiz und Tyrol ein sehr durchschnittenes Gebirgsland nennen, so ist Abessinien ein Chaos.

Am 17. April verliess ich die Armee bei Arodje, um noch denselben Tag im Baschilo zu lagern. Die steilen Ufer dieses Flusses, welcher ein mehrere tausend Fuss tief eingeschnittenes Bett hat, liessen es mir meiner Transportthiere halber wünschenswerth erscheinen, die Etappe Arodje-Talanta in zwei zu trennen. Wir hatten vom Lager bis an den Fluss nur einige Meilen, aber entsetzlich genug war dieser Weg: der Auszug der entwaffneten Armee Theodor's dauerte nun schon seit drei Tagen, hier sterbende Menschen, dort von ihren Eltern verlassene Kinder, hier eine in Verwesung übergehende Leiche, dort ein Gerippe und auf jedem Tritt und Schritt das Aas eines Pferdes, Esels oder Maulthieres. Der Weg nach dem Baschilo war so begangen wie einer der frequentesten Zugänge zu einer europäischen Hauptstadt; da kamen Elephanten, welche die grossen Armstrong-Kanonen und Mörser, unnütz wie die Elephanten selbst in der Expedition, transportirten, hier eine Abtheilung englischer Soldaten, dort Auswanderer aus Magdala, hier die ehemaligen Gefangenen, der Syrier Rassam und Herr Cameron, durch seine langen Entbehrungen entkräftet, dort die übrigen Europäer, die bei König Theodor gelebt hatten; Herr Dr. Schimper in seinem rothseidenen Ehrenkleide, auf einem Maulthiere reitend (letzte Geschenke des verstorbenen Königs), mit seinem spitzigen Hute und langem weissen Barte à la Tilly eher einem Zauberer des Riesengebirges ähnlich als einem deutschen Gelehrten, hätte nicht die lange Pfeife, die selbst auf dem Maulthiere unseren Pflanzensammler nicht verliess, gleich den Deutschen verrathen; dann Herr Zander, einem Patriarchen gleich mit seinem langen grauen Barte, dort eine englische Lady, freilich nicht mehr ganz nach der letzten Leipziger Mode gekleidet, Missionäre, die, sich in Abessinien wenig um Religion kümmerten, denn kein Kind wurde zu einem Christen erzogen, noch irgend eine Schule angelegt.—Alles strömte nach Norden, froh, Magdala für immer Adieu gesagt zu haben.

Wir fanden den Baschilo etwas niedriger, als vor Zeiten, der Regen hatte seit einigen Tagen wieder nachgelassen, wie das in Abessinien alljährlich vorkommen soll. Abessinien hat nämlich an der Küste eine Regenzeit, welche mit dem Regen des mittelländischen Meeres correspondirt, dann eine sogenannte Vorregenzeit im April, endlich die eigentliche Regenzeit, die Anfang Juni eintreten soll. Auf diese Abnormitäten hat ohne Zweifel die Gebirgsnatur grossen Einfluss, ich glaube aber, für Süd-Abessinien, d.h. vom 10° an südlich, würden aufmerksame Beobachter kein Aufhören des Regens constatiren können, sobald die Sonne den Zenith des Grades übertreten hat. Selbst nördlich vom 12° hörten die seit Mitte April eingetretenen Regen nicht ganz auf, nur waren sie schwächer, natürlich verminderte die Kälte der Luft bei dem durchschnittlich über 7000 Fuss hohen Boden des Landes bedeutend die Wirkung der senkrechten Sonnenstrahlen und somit den Niederschlag.

Wir lagerten im Baschilo, freilich nicht unter den angenehmsten Verhältnissen: Gefangene, abessinische Auswanderer, darunter auch die beiden Frauen von Theodor, Durenesch (weisses Gold), eine Tochter von Ubie, und Csero Tameña, Wittwe eines früheren Galla-Chefs und nachher zweite Frau Theodor's, Alles war bunt unter einander. Dazu die grosse Hitze, am folgenden Morgen vor Sonnenaufgang noch 25°, während auf Talanta um die Zeit vor Sonnenaufgang die durchschnittliche Temperatur blos + 5° zu sein pflegt. Man möchte beinahe sagen: Es ist gut, dass die ganze Gegend durch Theodor entvölkert ist, denn sicher würde das Baschilo-Thal, wenn jetzt Menschen dort wohnten, eine Pest- oder Cholera-Grube werden. Aber ein Racheengel scheint über diese Gegenden hingegangen zu sein, kein Haus, kein Dorf, kein lebendes Wesen, ausser auf der von den Engländern eingeschlagenen Strasse, so weit das Auge blicken kann, eine trostlose Todtenstille, und um das Bild noch trauriger zu machen, ist Alles pechschwarz vom Brande, kein grünes Blatt oder Halm mehr zu sehen, und selbst die Thierwelt scheint verschwunden zu sein, man hört kaum Singvögel, nur Affen, meist langbärtige, ziehen in grossen Heerden bellend und kläffend an den steilen Basaltwänden hin.

Der Marsch am folgenden Tage war nicht angenehmer. Obgleich ich lange vor Sonnenaufgang aufgebrochen war, um nicht mit dem Strom von abessinischen Leuten zusammenzukommen, so fand ich doch den steilen Weg zur Talanta-Hochebene hinauf eben so voll wie am Tage zuvor den nach dem Baschilo hinunter. Dieselben Scenen wiederholten sich. Dieser Weg, den Theodor mit so vieler Mühe angelegt hatte, um die grossen Kanonen, die Ursache seines Unterganges, nach Magdala zu bringen, ist nichts weniger, als was wir in Europa unter einer künstlichen Bergstrasse verstehen, der Abfall ist meist so steil, dass ihn europäische Wagen nie hätten befahren können. In Talanta fanden wir ein ganzes englisches Lager vor, denn die zahlreiche Kavalerie, die Sir Robert unnützer Weise nach dem gebirgigsten Lande der Welt mitgenommen, hatte hier zurückbleiben müssen. Abends kam Sir Robert auch nach und bis auf eine kleine Reserve war jetzt Alles von der englischen Armee auf dem rechten Ufer des Baschilo. Nachdem der General am folgenden Tage noch so freundlich gewesen war, mir zur Bewaffnung meiner Diener die nöthigen Doppelflinten aus dem Nachlass des Königs Theodor zu geben, liess ich die englische Armee auf Talanta zurück, um meine eigene Reise anzutreten. Es war freilich Mittag geworden, indess hoffte ich noch Djidda zu erreichen, um dort die Nacht zuzubringen.

Kaum hatten wir begonnen, den steilen über 3000 Fuss tiefen Abhang von Talanta ins Djidda-Bett hinab zu steigen, als über 500 waffenlose Leute jeden Alters und jeden Geschlechtes, Auswanderer aus Magdala oder Ueberreste der abessinischen Armee, sich uns anschlossen um unter unserem Schutz durch die Djidda zu gelangen. Erst am Tage vorher nämlich war eine Abtheilung solcher Leute von raubsüchtigen Galla-Horden rein ausgeplündert, Einige sogar getödtet und Andere verwundet worden. Die zahlreichen Schluchten in den basaltischen Ufern der Djidda boten diesem Gesindel die günstigsten Schlupfwinkel. Alles ging indess Anfangs gut, ich liess den ganzen Zug von Männern, Weibern und Kindern mit ihren Pferden, Eseln und anderem Vieh vorausmarschiren und dachte an Nichts weniger als an einen Angriff, als auf dem Plateau von Aberkut, welches gerade halbwegs zwischen der Talanta-Höhe und dem Djidda-Bette eine breite Stufe bildet, die abessinischen Flüchtlinge von Leuten aus Aberkut selbst angegriffen wurden. Da sie weit voraus waren, so konnte ich nicht gleich verhindern, dass einige Maulthiere und Esel weggetrieben wurden; sobald mich indess die feigen Plünderer ansprengen sahen, von meinen mit Doppelflinten bewaffneten Dienern gefolgt, flohen sie davon und selbst drei Thiere konnten wir ihnen wieder abjagen. Etwas weiter stiessen wir dann noch auf Galla, aber sie hielten sich ausser Schussweite, denn einige Kugeln, die wir ihnen nach ihrer Schlucht hinüber sandten, trafen oder reichten nicht.

So kamen wir glücklich in die Djidda-Sohle, wo wir dies Mal fliessendes Wasser fanden, was beim Hinmarsch nicht der Fall gewesen war. Wir stiessen hier auf ein Detachement Elephanten, konnten also in grösster Sicherheit die Nacht kampiren. Freilich wurde unsere Nachtruhe manchmal durch das nahe Geheul von Hyänen oder durch das rollende Grunzen der Elephanten unterbrochen, wir kannten jedoch die einen als unschädliche Feinde, die anderen als beschützende Freunde. Diese gelehrigen Thiere hatten Tags vorher die Mörser und grossen Kanonen herunter gebracht und als sie an der Djidda ankamen, war ich gerade Zeuge, mit welchem Wohlbehagen sie sich zur Abkühlung den ganzen Körper mit Wasser bespritzten; auf die Stimme ihres Führers, eines indischen Soldaten, nahmen sie sich indess wohl in Acht, auch nur das kleinste Tröpfchen auf die Metallwaffen zu blasen, die sie mit derselben Leichtigkeit daher trugen, wie ein preussischer Soldat seine Zündnadel.

Auch die Djidda hinauf war ich immer noch in der traurigen Lage, von halb verhungerten und sterbenden Abessiniern aus Theodor's Armee und Magdala begleitet zu sein, abgesehen davon, dass die Luft verpestet war von unbegrabenen Leichen und unzähligen Kadavern von Thieren, theils vom früheren Durchgange der Armee Theodor's, theils von dem der englischen Armee. Ohne mich aufzuhalten, passirte ich durch Bit-Hor, wo ich ein grosses Magazin für die englische Kavalerie eingerichtet fand, und durch Sindi, wo unter dem Schutze des englischen Sind Horses-Regiments Alles, was von der Armee Theodor's und den ehemaligen Einwohnern Magdala's lebendig bis Uadela heraufgekommen war, lagerte. Der Anblick dieser dahin sterbenden Menschenmasse berührte mich so, dass ich trotz der Erschöpfung meiner Maulthiere weiter ritt; wie aus dem Bereiche der Abessinier Theodor's kam ich damit zugleich aus dem Bereiche der englischen Armee. Was, dachte ich, wird aus diesen elenden Menschen, die heute noch unter dem Schutze des englischen Namens dahin ziehen, wenn sie morgen allein ihren abessinischen Brüdern gegenüber stehen? Meist aus Begemmder und den Gegenden von Tabor und Dembea haben sich die Soldaten durch ihre Mord- und Gewaltthaten so verhasst gemacht, dass Niemand Mitleid mit ihnen haben wird. Aber selbst wenn Keiner als Opfer der Blutrache fällt, werden die Meisten umkommen, denn nur wenige haben Lebensmittel und diese mit Gewalt zu nehmen, wie es früher Gewohnheit dieses Gesindels war, dafür hatte Sir Robert Napier dadurch gesorgt, dass er ihnen auch die geringsten Waffen hatte abnehmen lassen. Nach einer ungefähren Schätzung der kleinen schwarzen Zelte, welche in Sindi aufgeschlagen waren, und nach früheren Ueberschlägen, als ich diese Menschenmasse während drei Tagen von Magdala herunter strömen sah, musste ich die Zahl derselben auf 50 bis 60,000 schätzen.

Ich ging noch an demselben Abend bis Abdikum, wo ich dicht bei dem Dorfe und an der Seite der steilen Basaltblöcke, auf welche die Kirche erbaut ist, mein Zelt aufschlug; freilich hatte ich nicht verhindern können, dass einige bettelnde Abessinier aus Magdala sich mir anhingen, sie behaupteten, denselben Weg gehen zu wollen, wie ich. Abdikum ist ein Ort von ziemlicher Ausdehnung, wie alle Ortschaften in hiesiger Gegend weitläufig gebaut sind, der Art, dass eine Menge kleiner Hütten Gehöfte bilden, in denen drei oder noch mehr Familien zusammen hausen. Die Kirche von Abdikum hat nichts Merkwürdiges, wie die meisten in Abessinien ist es eine grosse runde Hütte, von Stroh roh überdacht und mit einem äusseren Gange umgeben, der für die Weiber bestimmt ist, welche die Kirche selbst nicht betreten dürfen. Im Inneren befindet sich das Allerheiligste, viereckig inmitten aufgemauert und der Art, dass der Hochaltar gegen Osten gerichtet ist. Das Allerheiligste, oft durch hölzerne Thüren verschlossen, meist aber nur durch Vorhänge aus Kattun abgetrennt, darf nur von ordinirten Priestern betreten werden. Zwei längliche Steine, die hart sein müssen, damit sie einen hinlänglich starken Klang geben, und die meist in den Zweigen der Bäume hängen, welche jede abessinische Kirche beschatten, dienen als Glocken, wirkliche findet man nur in den reichsten Kirchen. Einige Räucherfässer, Kreuze, grosse Folianten aus Pergament, die Kleider, welche die Priester bei den Messen und Hochämtern umlegen, Trommeln und eiserne Handschellen sind der ganze Apparat einer jeden abessinischen Kirche und je nach Alter und Grösse sind sie mehr oder weniger reich dotirt, aber es giebt einige, die selbst nach europäischen Begriffen wirklich reich ausgestattet sind.

Derartig war die Kirche in Abdikum nicht, sie gehörte zu den weniger begünstigten; was mich aber verlockte, am anderen Morgen früh hinauf zu klettern auf die wunderlichen Felsblöcke, das war die unvergleichliche Aussicht, die man dort auf die hohen Gebirge südlich von Magdala hat, die Kollo-Berge, und um einen letzten Blick auf Magdala selbst zu werfen. — Im Bereiche der englischen Armee war natürlich Alles theuer, die Leute hatten sich daran gewöhnt, Alles mit Silber aufgewogen zu bekommen, und so lebte ich in Abdikum an dem Tage für sieben Maria-Theresia-Thaler und hatte dafür Brod, Gerste, Butter, eine Ziege und Honig und als Gastgeschenk am Morgen etwas Milch zum Kaffee.

Am anderen Morgen schlug ich einen neuen Weg ein, anstatt nach Sentara zu gehen, um dem englischen Armeeweg zu folgen, schlug ich die Richtung von 330° ein und langte über eine gewellte Gegend, die reich mit Gehöften und Heerden bedeckt war, Abends am Rande des Uadela-Plateau's an. Wir hatten die grossen Orte Tebabo und Boa passirt und obgleich die Gegend keineswegs schön zu nennen war, denn es fehlte die Abwechselung, so wurde doch das Auge erfreut durch grosse Heerden schwarzer Schafe, durch Leute, die friedlich den Pflug handhabten (*von allen schwarzen Völkern sind die Abessinier die einzigen, die den Pflug bei sich eingeführt haben*); man sah, der Krieg war vorbei, es herrschte hier Sicherheit und Friede. Der Rand des Uadela-Hochlandes ist steil und basaltisch, er fällt bei Sindina, wo wir am Abend lagerten, in NNO.-Richtung gegen den Takaze zu ab und man hat von hier aus die entzückendste Aussicht auf den Takaze und die Schedeho-Landschaft. Die Abessinier rechnen zwar Sindina nicht mehr zu Uadela, sie bezeichnen vielmehr mit diesem Namen nur das Land zwischen Schedeho und Djidda, aber im geographischen Sinne ist die Hochebene, welche zwischen dem Takaze und der Djidda liegt, nicht davon zu trennen, es ist ein zusammenhängendes Ganze. Ganz anders verhält es sich mit Talanta und Daunt, welche beiden Tafelberge durch einen tiefen Einschnitt von einander getrennt sind; überdiess ist Daunt wenigstens 500 Fuss tiefer als Talanta. Sindina ist ein grosser Ort oder Distrikt, wenn man so will, wie Abdikum, Tebabo und Boa.

Ein schweres Stück Arbeit blieb nun zu thun übrig, denn wenn die Durchgänge durch Beschilo und Djidda auch mit grossen Schwierigkeiten verknüpft gewesen waren, so hatten wir doch einen Weg vorgefunden gehabt; da, wo Theodor seine grossen Kanonen hinab und hinauf gebracht hatte, konnten wir natürlich mit unserem leichten Gepäck auch fortkommen. Aber es handelte sich nun darum, das steile Ufer bis an den Takaze hinab zu klimmen, wo nur ein kleiner Pfad für Menschen vorhanden war. Nachdem der alte Führer verabschiedet und ein neuer gemiethet war, machten wir uns früh Morgens auf.

Der Weg war natürlich der Art, dass an Reiten nicht zu denken war. Jede Wendung um einen der zackigen Felsblöcke bot ein anderes Bild und entschädigte reichlich für die Mühe und Arbeit, die man durch das Herabklettern hatte. Freilich waren meine Burschen nicht so zufrieden, denn oft mussten die Maulthiere abgeladen und Kisten und Pakete auf dem Kopfe weiter geschafft werden. Mir selbst passirte das Unglück, dass bei einem Sprung von einem Felsblock mein Taschenkompass aus dem Rock flog und unwiederbringlich in einen tiefen Abgrund geschleudert wurde. Wir trafen hier auf die seltsamsten Basaltsäulen, die ich je in Afrika vorgefunden habe und wie sie vielleicht nur noch in der Fingal-Grotte anzutreffen sind; mehrere Hunderte von steinernen Mastbäumen, ca. 50 Fuss hoch und alle von einander getrennt, bildeten einen Basaltwald, wie man ihn nirgends schöner finden kann. Das Herabsteigen nahm uns, obgleich der Weg wohl kaum mehr als 6 englische Meilen lang war, bis Mittag in Anspruch, dann erst standen wir an den rieselnden Wassern des Takaze, der hier vollkommen in Westrichtung fliesst. Als wir hier einen Augenblick rasteten, kamen zwei Leute auf uns zu und fragten, wo der Negus inglese (Sir Robert Napier) sich aufhalte. Auf meine Gegenfrage, was sie von ihm wünschten, sagten sie, dass Meschascha schon seit Jahren fünf von ihrer Familie gefangen halte und sie des englischen

Negus Fürsprache zu deren Befreiung anflehen wollten. Als ich dann fragte, warum Meschascha dieselben im Gefängniss halte, erwiderten sie: "Weil wir reich sind, wir wollen aber lieber dem Negus inglese zahlen als Meschascha, denn dann wissen wir, dass sie wirklich befreit werden." Ich sagte ihnen, dass Sir Robert Napier, falls er die Sache so fände, wie sie aussagten, auch ohne Geld ihnen Gerechtigkeit angedeihen lassen würde, und unterrichtete sie dann, wo sie ihn treffen würden. Gelderpressungen sind in der That in Abessinien eben so zu Hause wie in der Türkei und Aegypten.

Noch ein Trunk vom herrlichen Takaze-Wasser und dann ging es weiter nach dem grossen Dorfe Salit, wo man uns gastlich aufnahm und eine Hütte anbot. Die Hütten sind in der Gegend vom Takaze bis Sokota alle sehr leicht aus Reisern und Zweigen gebaut und mit Stroh gedeckt, während in den höheren Gegenden die Wände aus Stein, durch Thon zusammengehalten, aufgeführt werden. Für das hiesige Klima reicht diese leichte und luftige Bauart vollkommen aus, denn bei einer Höhe von 5 bis 6000 Fuss über dem Meere hat das Thermometer in der Regenzeit sowohl als in der trockenen selten unter 15° vor Sonnenaufgang. Eine Schwester Meschascha's, des derzeitigen Fürsten von Lasta, schickte mir Abends einen grossen Krug Busa oder Gerstentrank, der indess einem europäischen Gaumen gar nicht munden will, obwohl die Abessinier grosse Liebhaber davon zu sein scheinen. Um sich aufzuregen, müsste man solche Quantitäten zu sich nehmen, dass ein europäischer Magen gar nicht im Stande wäre, sie zu halten. Ueberdiess widersteht Einem schon die chokoladenartige Farbe.

Die Gegend um Salit ist hügelig und von einem Halbkreise hoher Berge der Art eingeschlossen, dass Amba Terrasferri den südlichen und Amba Ascheten, an dessen Westabhange

Lalibala liegt, den nördlichen Stützpunkt dieses Halbkreises bildet. Sehr arm an Gras, wenigstens in dieser Jahreszeit, ist die Gegend dafür gut mit Buschwerk, meist Akazien, bewachsen. Das Gestein ist überall vulkanischer Natur und von derselben Beschaffenheit wie am gegenüberliegenden linken Takaze-Ufer.

Von Lalibala trennte uns nur noch Ein Marsch. Auf halbem Wege überschreitet man den beständig Wasser führenden Fluss Katschenave, der östlich beim Orte Aritatta entspringt und in den Takaze fällt. Ein Ort gleichen Namens liegt an beiden Seiten des Flusses, wo wir ihn überschritten. Der Weg war an dem Tage ziemlich gut, wenn von guten Wegen überhaupt in Abessinien die Rede sein kann, und sanft stiegen wir den Abhang des mächtigen Ascheten-Berges hinauf, wo der grosse Ort Laktalab liegt.

Je mehr ich ins Land hinein kam, desto höflicher fand ich die Bewohner. Das war sicher Folge der Einnahme von Magdala und von Theodor's Tod. Niemand in Abessinien hatte ihn anzugreifen gewagt, selbst als er schon in den letzten Zügen lag, als ganz Abessinien, alle Provinzen von ihm abgefallen waren, und da kam nun ein so kleiner Haufen "Frengi", wie die Abessinier die Europäer schlechtweg nennen, und machte diesem gefürchteten Fürsten, der im Bunde mit dem Teufel zu stehen vorgab, in Einem Tage das schrecklichste Ende. Hatte man vorher über die Frengi gespottet, ihnen nachgerufen: "Theodor wird Euch alle köpfen", und anderes dummes Zeug mehr, so hatte sich jetzt die Verachtung in grösste Hochachtung verwandelt und ich kann mir denken, wie die eitelen und prahlerischen Abessinier, die sich wie die Araber und Juden für ein von Gott auserwähltes Volk halten, innerlich darunter leiden mussten, so vor einem kleinen Haufen Europäer gedemüthigt zu stehen. Waren sie froh, ihren Erzfeind Theodor los zu sein, so musste dies eitle Volk doch innerlich einen heissen Neid fühlen, dass sie dies nicht selbst hatten bewerkstelligen können. Indess äusserten sie dies nicht laut, im Gegentheil nie sah ich ein Volk demüthiger und kriechender als jetzt. Nicht genug, dass sich alle Alle, die uns begegneten, so verbeugten, dass die Hände vorn bis auf die Erde reichten, ein Gruss, den sie sonst nie einem Europäer, sondern nur ihren Fürsten erzeigen, gingen sie immer mit uns, bis ihnen meine Diener zuriefen, ihres Weges zu ziehen. Ich wusste Anfangs nicht, was dies zu bedeuten habe, bis man mir sagte, dass dies das Zeichen der grössten Hochachtung sei. Dicht vor der berühmten Kirchenstadt begegnete uns ein alter ehrwürdiger Priester, in einer Hand einen Sonnenschirm, in der anderen einen Kranz tragend, vor der Brust hatte er ein dickes Pergamentbuch hängen; er gab mir seinen Segen und sagte dann, ich solle getrost in den heiligen Wallfahrtsort einziehen, ich sei der erste Frengi, der nach dem Tode Theodor's nach Lalibala käme, und das brächte mir grosses Glück und Segen.

Ich stieg in Lalibala bei Bischur, dem Schum oder Vorsteher des Ortes ab, der mir eine seiner Hütten zur Disposition stellte, welche für gewöhnlich den Kühen zum Aufenthalte diente. Eine bessere Menschenhütte schlug ich aus, weil ich die Erfahrung gemacht hatte, dass die Abessinier nicht nur wie die Araber, Berber und andere Völker Nordafrika's reichlich mit Läusen und Flöhen gesegnet sind, sondern auch jede Hütte, welche Menschen beherbergt hat, von Wanzen wimmelt. Ich habe in der That oft den Schmutz der Araber und Berber bewundert, wie namentlich die Bewohner der Grossen Wüste Jahre lang nicht daran denken, sich oder ihre Kleider zu waschen. Dann aber entschuldigte ich sie manchmal mit dem constanten Wassermangel, aber hier in Abessinien übertrifft der Schmutz der Bewohner Alles, was vorkommen kann. Die Weiber und Männer schmieren sich fingerdick die Butter in die Haare, welche nur ein Mal im Leben bei den Frauen zu kleinen Tressen geflochten werden; kommt die Sonne, so trieft die Butter auf Körper und Kleidung, so dass diese bald eine so dunkle und schmutzige Farbe wie der Körper annimmt. Erst wenn Alles in Fetzen fällt, werden die Kleider abgelegt.

Nachdem ich mich etwas gestärkt, ging ich, die verschiedenen Kirchen zu besuchen, welche schon das Staunen der Portugiesen erweckten und die in Wirklichkeit nicht ihres Gleichen in der Welt haben, denn alle Kirchen, die man in Lalibala bewundert, sind Monolithen. Obgleich die Portugiesen alle dem König Lalibala als Urheber zuschreiben, so ist das offenbar ein Irrthum, denn im Baustyl der verschiedenen Kirchen ist ein älterer roherer und jüngerer feiner Styl unverkennbar. Lalibala hat jedoch offenbar einen grossen Antheil an den merkwürdigen Bauwerken dieses Ortes und jedenfalls wird wohl die Kirche die seinen Namen führt, von ihm herrühren. Ich wurde von den Mönchen und Priestern mit der grössten Bereitwilligkeit aufgenommen und vom Ausziehen der Schuhe oder sonstigen Forderungen, wie sie früher wohl die Priester anderer Kirchen an mich gestellt hatten, war hier keine Rede, ja in allen Kirchen führte man mich ins Allerheiligste oder an den Hauptaltar. Ich bemerke hierbei, dass das Allerheiligste, wie wir es jetzt in allen neuen abessinischen Kirchen, d.h. auch in solchen, welche schon mehrere Jahrhunderte alt sind, streng abgemauert und von der übrigen Kirche abgeschieden finden, wie es bei dem jüdischen Tempel in Jerusalem der Fall war, in den ersten Zeiten des Christenthums in Abessinien nicht gekannt war; alle Kirchen in Lalibala, wie wir sie heute finden, haben einen einfachen Hauptaltar, wie es in allen anderen christlichen Kirchen der Fall ist. Ueberhaupt sieht man diesen Gebäuden ihren echt christlichen Charakter an, während man bei den neuen abessinischen Kirchen erst wissen muss, dass sie christliche Gotteshäuser sein sollen, von selbst würde kein Europäer sie dafür erkennen.

Die am besten erhaltene und von allen übrigen getrennt ist die St. Georg-Kirche; ein vollkommenes Kreuz, aus Einem Steine gemeisselt, würde man sagen, sie sei so eben aus der Hand eines Zuckerbäckers hervorgegangen. Jeder Arm des Kreuzes mag 40 Fuss an der Basis haben und eben so hoch sein. Vier Säulen im Inneren stützen die Decke, welche wie das Ganze Ein Stein und mit dem Ganzen Ein Stein ist. Die grösste und ursprünglich die vollendetste ist die dem Medanheallem oder Weltheiland gewidmete Kirche. Es ist dies eine vollkommene Basilika und man kann in Harmonie der einzelnen Theile zum Ganzen nichts Schöneres finden. Auch die Emanuel-Kirche ist vollkommen in ihren Formen: 24 Schritt lang und 16 breit hat sie ca. 40 Fuss Höhe, wie alle übrigen ist sie aus Einem Steine gemeisselt. Die älteste scheint die Aba Libanos-Kirche zu sein, dann die in kolossalen Aushauungen ausgemeisselte Mercurius-Kirche. Ausserdem giebt es hier noch eine Gabriel-Kirche und eine Marien-Kirche, welche mit der Debra Sina- oder, wie sie auch genannt wird, Golgatha- und Lalibala-Kirche zusammenhängt. Der König Lalibala liegt in der Golgatha-Kirche begraben, wo auch ein anderer berühmter Heiliger Abessiniens, Selasse, seine Grabstätte hat. Bei vielen dieser Kirchen hat der vulkanische Stein, aus dem das ganze Terrain in und um Lalibala besteht und aus dem auch diese merkwürdigen monolithischen Kirchen gehauen sind, der Witterung schlecht widerstanden, und da die jetzige Generation wie viele vor ihr Nichts zur Erhaltung dieser merkwürdigen Bauwerke thut, so gehen sie rasch ihrem Untergange entgegen. Vollkommen gut erhalten ist nur noch die Georg-Kirche. Die prächtige Medanheallem-Kirche dagegen, die früher von aussen mit einem Säulengang umgeben war, dessen 40 Fuss hohe Säulen aus demselben Blocke wie die Kirche gehauen waren und daher mit ihr zusammenhingen, hat jetzt nur noch vier dieser Säulen aufrecht stehen, alle übrigen sind von der Kirche abgefallen. Es wäre an der Zeit, dass Etwas für diese merkwürdigsten Denkmäler alter christlicher Baukunst geschähe.

Mit der grössten Freundlichkeit und Bereitwilligkeit wurde mir Alles gezeigt; hier war es eine Glocke, dort ein Räuchergefäss, hier eine Kirchenkrone, dort ein Kreuz, was ich bewundern musste, und die Toleranz dieser Priester ging sogar so weit, dass mein mohammedanischer Diener Abd-er-Rahman, der meinen Dolmetsch machte, überall mit hingehen durfte. Ja, in der Georg-Kirche musste ich sogar den Mantel des heiligen Georg selbst umbinden, es waren freilich nur noch Fetzen und er sah entsetzlich schmutzig und verdächtig aus, die guten Priester bestanden aber so sehr darauf, mir dadurch den Segen ihres Patrons zu Theil werden zu lassen, dass ich, um nicht als Ungläubiger zu gelten, mich noch froh stellen musste, diess widerliche Gewand während meines Besuches in der Georg-Kirche umzuhaben. Viele dieser Kirchen sind sehr gut dotirt, die Marienkirche hat sogar Glocken und in anderen findet man Geräthe, die jeder europäischen katholischen Kirche Ehre machen würden.

Der ganze Tag ging natürlich damit hin, diese Wunderbauten zu besehen, und als ich spät Abends nach Hause kam, fand ich meinen Wirth vor der Thür mit einem grossen Topf voll Tetsch. Dies ist Hydromel oder saures Honigwasser, ein angenehmes und im Stadium des Gährens starkes Getränk, das man aber nur bei vornehmen Abessiniern bekommt, da seine Herstellung für die gewöhnliche Klasse zu kostspielig ist.

Auch am folgenden Tage zog es mich wieder zu den

Kirchen, ich konnte mich nicht satt sehen an diesen Wunderbauten, und so konnte ich auch Zeuge sein, wie eine grosse Anzahl armer Menschen, Bettler und Reisende, vor der Marienkirche gespeist wurden; dies geschieht alle Tage um dieselbe Zeit, die Kirchen haben dazu reiche Gründe, viele Einnahmen von den Ein- und Umwohnern Lalibala's und wohlhabende Pilger tragen Geld und andere Gaben zu. Der Klerus aller dieser Kirchen, die Mönche mit eingerechnet, ist indess auch bedeutend und kann sich auf ein Paar hundert Personen belaufen.

An sonstigen Merkwürdigkeiten hat Lalibala die sieben Oelbäume aufzuweisen, die ganz jung von Jerusalem hierher verpflanzt, jetzt grosse, stattliche Bäume geworden sind. Ihr Alter muss jedenfalls bedeutend sein, denn von einem ist nur noch ein Stumpf übrig und zwei andere sind zu Einem verwachsen. Ein Hügel, von einem Baume überschattet, Debra Siti genannt, wurde mir als bemerkenswert gezeigt, weil hier der König Lalibala gelehrt and gepredigt haben soll. Ein einfaches steinernes Kreuz auf dem Wege zur St. Georgkirche wurde mir auch besonders gezeigt, doch konnte mir Niemand sagen, was es für eine Bewandtniss damit habe.

Lalibala ist auf sieben Hügel an einem der Westabhänge des mächtigen Ascheten-Berges gebaut, dessen Höhe 10,000 Fuss betragen kann. Selbst 7000 Fuss hoch hat es ein köstliches Klima und die Bäume, welche die Hütten überschatten, die reizende Lage machen es zu einem wahren Paradies. Es mag jetzt circa 12 bis 1500 Seelen haben, war aber dereinst gewiss bedeutend grösser. Zahlreiche Gänge in den Felsen, Ueberreste von alten Kirchen, von denen alle Ueberlieferung verschwunden zu sein scheint, viele Ruinen von Wohnungen, die besser construirt waren als die jetzigen, deuten genugsam an, dass Lalibala vordem ein anderer Ort war als gegenwärtig, wenn nicht schon die Kirchen Zeugniss dafür ablegten.

So interessant nun auch der Aufenthalt in dieser Kirchenstadt war, so zuvorkommend die Leute im Allgemeinen sich zeigten, reiste ich doch Nachmittags weiter, da ich keinen Augenblick Ruhe hatte. Hunderte von Menschen belagerten um Arznei bittend meine Thür und obschon ich Alle zu befriedigen suchte, diesem ein Brechmittel, jenem ein anderes Medikament gebend, so war an ein Alleinsein keinen Augenblick für mich zu denken.

Indess gingen wir an jenem Tage nur nach dem drei engl. Meilen westlich von Lalibala gelegenen Orte Schegala, das wie Ascheten und Medadjen zum Lalibala-Distrikt gehört. Man steigt auf einen Ausläufer des Ascheten herab, gewissermassen die Fortsetzung desselben Sporns, auf welchem Lalibala liegt, und hat nördlich fortwährend das liebliche Medadjen-Thal, voller Gehöfte und Felder, welche von Hecken und Buschwerk bordirt sind, so dass es Einem ganz heimathlich ums Herz wird. Das Medadjen-Thal wird von Bergen gebildet, die sich vom Ascheten aus durch Norden ziehen und deren Hauptspitzen der Selembie, Adeno und Dogussatsch sind. Bei Schegala erhält das Thal einen bedeutenden Zweig von Süden und zieht so verstärkt unter dem Namen Gebea-Ebene dem Takaze zu. Kein Berg ist schöner bewaldet in Abessinien als der Ascheten und diess erhöht natürlich die paradiesische Lage Lalibala's, aber wurde je eine Stadt der Priester, ein religiöser Mittelpunkt in reizloser Gegend angelegt? Mekka bildet in dieser Beziehung für uns eine Ausnahme, aber ist für den Araber die Wüste nicht Alles, freut sich nicht alljährlich der Araber, wenn er im Frühjahr den fruchtbaren Teil mit der endlosen Sandebene, wo nur hier und da ein Grashalm keimt, vertauschen kann?

Mein Weggehen von Lalibala hatte mir indess wenig genützt, die Leute begleiteten mich, ich hatte einen Schwarm von fünfzig um mich, Lahme, Blinde, Aussätzige, Alles wollte von dem Frengi profitiren. Es war wie in Tafilet, wo man mir eines Tages in Ertib die Kleider zerriss, um Arznei zu bekommen.

So angenehm die Lage von Schegala ist, was Klima und Schönheit der Gegend anbetrifft, eine so unangenehme Nacht brachte ich zu. In der Voraussetzung, in einer der luftigen Hütten, in welcher noch dazu in letzter Zeit Kühe gewesen waren, sicher vor allem Ungeziefer zu sein, hatte ich meine Teppiche auf das abessinische Rohrlager gebreitet, aber nach Mitternacht wachte ich auf und fühlte, dass ich an hundert Stellen gebissen und gestochen wurde; eine Legion Wanzen war aus dem alten Ruhebett hervorgeeilt und hatte sich meines Körpers bemächtigt. Wenn ich nicht meine noch müderen Diener aufwecken wollte, musste ich Geduld haben, und die hatte ich, freilich mit grossem Blutverluste, bis der Morgen graute.

Bis Bilbala-Gorgis zieht sich der 12 engl. Meilen lange Weg durch eine überaus reizende Gegend. Sie ist mit hohem Buschwerk reichlich bewachsen, unter dem üppiges Gras gedeiht, und im Osten hat man immer einen hohen Gebirgszug, von dem die höchsten Spitzen Dogussatsch, Selatit und Aderho heissen, während die zu übersteigenden Hügel relativ nicht mehr als 1000 Fuss haben. Die zahlreichen, dem Takaze tributären Rinnsale führen in Folge des gut bewaldeten Bodens alle Wasser. Sobald man den Wukara-Fluss passirt hat, kommt man auf dessen rechtem Ufer zu der reizenden Ruine einer zerstörten Kirche. Aus Quadersteinen aufgeführt stehen einige Mauern noch ganz und zeigen jene kleinen Fenster mit steinernen Kreuzen wie die Kirchen in Lalibala, überhaupt scheint sie aus derselben Epoche und von denselben Baumeistern herzurühren. Das Innere ist mit Schlingpflanzen bedeckt und wilde Olivenbäume überschatten das Ganze. Das Volk schreibt die Erbauung der Kirche natürlich, wie alles Grossartige, dem König Lalibala zu.

Bilbala-Gorgis ist eine weitläufige Ortschaft und weil zufällig die ersten Gehöfte mohammedanischen Bewohnern zugehören, so wies man mir die Moschee, eine kleine runde Hütte, als Absteigequartier an. Diese Mohammedaner waren von Theodor aus Tigre hierher versetzt worden und seines Todes froh bereiteten sie sich jetzt zur Rückkehr in die

Heimath vor. Fleissig wie alle Mohammedaner in Abessinien im Gegensatz zu den faulen Christianos, wie sich die Christen nennen, besass jede Familie einen Webestuhl. Sie waren natürlich äusserst tolerant und hatten nichts dagegen, dass ich rauchte und Tetsch trank, zwei sonst in den Moscheen streng verbotene Dinge. Als ich ihnen aber Abends zum Gebete für einen Augenblick die Hütte räumte, genirte sich einer nicht, mir während seiner Andacht mein Doppelglas zu stehlen, was ich leider erst am anderen Morgen merkte, als wir schon weit vom Orte entfernt waren. Ausser diesen hierher verpflanzten Mohammedanern giebt es keine in Bilbala-Gorgis und es ist bezeichnend für die mohammedanische Religion, dass überall, wo auch nur einige Familien sich finden, sie sich gleich eine Moschee errichten, und selbst ein einzelner Mohammedaner, wenn er fest unter Andersgläubigen wohnt, hat sicher seinen besonderen Betplatz. Sie lebten hier übrigens ganz auf gleichem Fusse mit den Christen und hatten keinerlei Beschränkung oder Unduldsamkeit zu erleiden.

Der folgende Tag war für uns ein recht beschwerlicher. Anfangs behielt die Gegend ihre liebliche Natur bei, vom Terrassa-Pass an wurde sie aber so zerrissen und wild, oft zwar grossartig, dann aber auch wieder traurig, dass man nicht wusste, welchen Gefühlen man Raum geben sollte. Vom Terrassa-Pass war, so weit das Auge blicken konnte, Alles durch Waldbrand zerstört und die trostlose Traurigkeit der Gegend wurde noch erhöht durch das schwarze vulkanische Gestein. Ohne Wasser, wie die Gegend war, musste ich bis an den Mari-Fluss reiten, der indess auch kein fliessendes Wasser hatte, sondern nur Pfuhle. Mit dem Mari-Fluss beginnt die Agau-Sprache, ein von den beiden anderen in Abessinien herrschenden Sprachen, dem Tigre und Amhara, verschiedenes Idiom. Das Volk unterscheidet sich sonst in Nichts von dem übrigen und wenn sie selbst auch unter sich Agauisch sprechen, so verstehen doch Alle die beiden anderen Sprachen. Nordwärts erstreckt sich die Sprache bis an den Distrikt Abergale, im Westen bis Semien, im Osten bis an den Aschangi.

Das Torf Taba, in dem wir übernachteten, ist übrigens ein elender kleiner Ort, die Leute leben hauptsächlich von Viehzucht, da der Boden zu arm ist, um reichliche Ausbeute für Ackerbau zu geben.

Die trostlose Gegend änderte sich erst beim Siba-Pass, bis dahin hatten wir ein starkes Stück Arbeit. Die Zeit verstrich mit Auf- und Abladen, weil alle Augenblicke solche Stellen vorkamen, wo meine Maulthiere mit den Kisten nicht fortkommen konnten. Bei einer sehr schwierigen Stelle wäre beinahe einer meiner Diener umgekommen, indem das Maulthier auf ihn sprang und die Flinte sich entlud. Mit Uebersteigung des Siba-Passes wurde die Gegend wieder freundlicher, wenn auch der Weg nicht besser, nur im Siba-Thal hatten wir ein Stück Weges von einigen Meilen, welches gut zu nennen wäre, wenn ihn nicht die Büsche so beschränkt hätten, dass ich alle Augenblicke vom Pferde steigen musste, weil ein Reiter zu Pferde nicht unter den niedrigen Zweigen durchkommen konnte. Oben im Siba-Thale waren Wasserlöcher mit hinlänglichem Wasser zu unserem Frühstück, aber so viel hatte ich jetzt längst gesehen, dass, wenn auch ein einzelner Reisender mit wenigen Dienern recht gut diesen Weg von Magdala über Lalibala und Sokota nach Antalo gehen kann, es *unmöglich* gewesen wäre, eine Armee wie die Englische auf *diesem Wege* fortzubringen. Wenigstens in der trockenen Jahreszeit wäre dies auf dem von mir verfolgten Wege rein unausführbar gewesen und in der nassen Jahreszeit würden die Regenbetten Schwierigkeiten gemacht haben.

Von hier an immer steigend kamen wir dann über den hohen Mokogo-Pass und brachten die Nacht einige Meilen weiter nordwärts im Dorfe Belkoak zu. Wir befanden uns hier sehr hoch, so dass wir Nachts beinahe von Kälte zu leiden hatten. Ich wäre gern hier geblieben, da meine Thiere sehr erschöpft waren, allein es gelang uns nicht, Getreide für sie aufzutreiben, selbst gegen Medizin wollte Niemand Etwas hergeben. Seit 5 Jahren waren die Leute hier alljährlich von Heuschrecken heimgesucht worden, dazu hatten in den letzten Jahren Wassermangel, der constante Bürgerkrieg und die Gottesgeissel Theodor das ihrige gethan, Land und Bevölkerung arm zu machen.

Wir hatten nun den hohen Pass von Biala zu übersteigen, einen kolossalen Gebirgsstock, der von NO. nach SW. streicht. Unsere Thiere wollten indess kaum weiter und dazu kam, dass die Dörfer, wo wir hätten unterkommen können, weit vom Wege ablagen. Der südöstliche Abhang des Biala-Stockes ist besser bewaldet und bewohnt als der entgegengesetzte. Der Pass, über den man kommt, wird vom nordöstlichsten Abhänge gebildet, der mit dem westlichen Ausläufer des Gerbako-Berges zusammenhängt. Der Biala-Berg selbst hat drei Hauptspitzen, eine nordöstliche, eine mittlere, welche die höchste ist, und eine südwestliche. Sein südwestlichster Abhang steht mit dem lang gedehnten Su-Amba in Verbindung. Das Gestein des Biala ist vornehmlich vulkanischer Natur. Ich wäre gern im Dorfe Biala, das an der Nordostseite liegt, geblieben, um eine Ersteigung dieses Kolosses zu versuchen, aber theils waren meine Schuhe und Stiefel so zerrissen, dass sie einen solchen Gang nicht mehr ausgehalten hätten, und hinauf reiten konnte man nicht, theils war das Aneroid, welches mir bei der Trennung von der englischen Armee ein Bekannter geliehen hatte, nur bis zu 8000 Fuss brauchbar und die Passhöhe, welche wir bei Biala überschritten, war schon höher. Mein eigenes Aneroid und Hypsometer waren gleich beim Anfange der Expedition zerbrochen. Somit fiel der Hauptzweck einer Ersteigung des Biala, die Bestimmung seiner Höhe, weg.

Wir hatten den Pass von Biala glücklich überwunden und weil wir vor uns in hügeliger Ebene das Dorf Ohlich liegen sahen, nahmen wir uns vor, dort die Nacht zuzubringen. Freilich wäre es besser für uns gewesen, andere, näher liegende Dörfer aufzusuchen, aber dies erkannten wir erst, als es zu spät war. Ein wolkenbruchartiges Gewitter brach plötzlich über uns herein und es war unmöglich, aus ihm herauszukommen, es schien mit uns nach Norden zu ziehen. Alle kleinen Schluchten und Rinnsale, die wir zu passiren hatten, verwandelten sich in einem Augenblick in reissende Giessbäche, welche mit rasender Geschwindigkeit Fuss hoch schmutziges dickes Wasser fortrollten. Wenn ich selbst auch nicht sehr litt, da ich vom Kopfe bis zu Fuss wasserdichte Kleider schnell überziehen konnte, so blieb doch an meinen Dienern kein trockener Faden und alles nicht in den Kisten befindliche Gepäck wurde gleichfalls durchnässt.

Ohlich ist ein grosser Ort und die Hütten, obgleich sehr luftig wie alle in dieser Gegend aus Reisern gebaut, sind dicht zusammengedrängt. Die Gegend um Ohlich ist hügelig, gut bebaut und leidlich bewohnt. Wie überall hier ist die Bevölkerung Agauisch, indess eben so eitel, frech, schmutzig und scheinheilig wie die Amharische oder Tigre-Bevölkerung. In der That zeigte sich hier, wohin das Prestige der englischen Waffen von der Vernichtung der Armee Theodor's, der Einnahme von Magdala erst gerüchtweise gedrungen war, die freche Neugierde der Bewohner in ihrer ganzen Unverschämtheit. Den ganzen Tag standen sie haufenweise vor der Thüre meiner Hütte, machten über jede ihnen fremde Sache alberne Bemerkungen und geberdeten sich so, als ob sie die allwissenden, herrschenden Leute wären, wir anderen Europäer blos arme Schächer. Der Schum war noch der Allervernünftigste von ihnen und am anderen Morgen erbot er sich sogar, mich zum Statthalter von Sokota zu begleiten. Diese Stadt war jetzt nahebei, nur ein Marsch von einigen Meilen trennte uns noch. Natürlich zog unser Ortsvorsteher seine besten Kleider an, indess bildeten eine neue weisse Hose, nach Art der Europäischen gemacht (nicht weit wie die orientalischen), und ein grosses weisses baumwollenes Umschlagetuch mit breitem rothen Streife seinen ganzen Anzug; aber er war doch reinlich. Er trug Nichts als einen kleinen Sonnenschirm von Stroh, ohne den kein Abessinier daher kommt, denn alle gehen barhäuptig, aber hinter ihm lief ein kleiner Knabe, der seinen Spiess und Schild trug. Unser Schum war alt und seine krausen Locken schneeweiss, er unterliess deshalb auch nicht, mich zu bitten, langsam zu reiten, da er sonst nicht folgen könne.

Der Weg von Ohlich nach Sokota bietet nichts Besonderes dar, ausser dass man einen Hügelzug übersteigen muss, dessen höchster Punkt man beim Telela-Pass erreicht. Die Gegend ist gut bevölkert und die grössere Belebtheit der Strasse kündigt eine Stadt an. Auch eine Zollstation ist noch zu passiren, wo der Statthalter von Sokota seine Abgaben in Salzstücken erhebt. Jedes beladene Maulthier giebt 6, jeder Esel 3 Stück. Diese Salzstücke, hier in Abessinien die kleine Münze, haben je nach der Entfernung von den Küstenebenen, von woher sie kommen, einen verschiedenen Werth; in Lalibala wechselte ich gegen einen Maria-Theresia-Thaler 6 Stück ein, früher in Antalo 16, in Adigrath und Senafe 30, und ehe die Europäer in Abessinien waren, erhielt man dort sogar 60 Stück. Jedes Stück Salz, die alle eine und dieselbe Form haben, wiegt ungefähr ein Pfund. Natürlich liess man mich und meine kleine Karawane unbelästigt den Zoll passiren.

Der Ortsvorsteher von Ohlich, der vorausgelaufen war, um mich beim Statthalter von Wag und Gouverneur von Sokota, Namens Borah, anzumelden, kam nun zurück in Begleitung eines Anderen, der etwas Arabisch radebrechte und sich als ein von Munzinger an den Fürsten von Tigre abgeschickter Bote auswies, und meldete, der Gouverneur erwarte mich, damit ich ihn begrüsse. Ueber solche Frechheit entrüstet, indem es bei allen halbcivilisirten und wilden Völkern Afrika's Sitte ist, zuerst dem Fremden eine Wohnung anzuweisen und dann seinen Besuch zu erwarten, antwortete ich einfach, ob man mir eine Wohnung geben wolle oder nicht, wenn man dies nicht auf der Stelle könne, würde ich sogleich weiter ziehen. Zudem fügte ich hinzu: "Sage dem Statthalter, dass ich noch gar nicht die Absicht ausgesprochen habe, ihn zu besuchen, wie er also dazu kommen könne, meinen Besuch zu erwarten?" Es kam nun auch gleich der Befehl, mir eine Wohnung zu besorgen, und zwar eine geräumige, gut aussehende Hütte, und kaum war ich darin einquartiert, als der Statthalter, von einem grossen Haufen Soldaten begleitet, sich einstellte, um mich zu besuchen. In Europa wird man es lächerlich finden, bei uncivilisirten Völkern auf solche Ceremonien zu halten, aber gerade durch Beobachtung solcher äusserer Kleinigkeiten erhält der Europäer bei ungebildeten Völkern sein Ansehen und ich hatte mir einmal zur Regel gemacht, nie in einem Lande zuerst einen Besuch zu machen, ausser dem Fürsten selbst. Diese Völker halten selbst so sehr darauf, dass sie eine gewisse Rangordnung darin erkennen; wer dem Anderen zuerst einen Besuch macht, spricht damit aus, dass er den Besuchenden als höher im Range stehend erachtet. Der Herrscher von Bornu erkennt das dadurch an, dass er, sobald er den Besuch eines gebildeten Europäers erhalten hat, diesem seinen ersten Minister, den Dig-ma, und andere höhere Würdenträger des Reiches zuschickt; in seinen Augen kommt an Rang der ihn besuchende Europäer gleich nach ihm, und ich glaubte, in Abessinien, wo das Volk lange nicht auf einer so hohen Stufe der Bildung steht, als in Bornu oder Sókoto, dieselben Regeln beobachten zu müssen, auch zeigte die Erfahrung, dass ich ganz Recht hatte.[10]

Borah benahm sich äusserst freundlich und zuvorkommend, er versprach nach den ersten Begrüssungen, mich mit Allem zu versorgen, was ich nöthig haben würde. Sein Anzug war so schmutzig und schlecht, dass ich, als eine Menge Leute zugleich in die Hütte traten, fragen musste, wer der Statthalter sei; denn viele seiner Untergebenen waren besser und reinlicher als er selbst angezogen. Zu meiner Freude lehnte er es ab, sich auf meinen Teppich neben mich zu setzen, und begnügte sich mit dem Boden mir gegenüber.

Nach Ordnung meines Gepäckes machte ich dem Statthalter meinen Gegenbesuch. Er bewohnt das Haus Gobesieh's, des Schum von Wag, ein grosses Gebäude, das nach europäischer Art gebaut, aber fast ganz verfallen ist, wie Alles, was von Völkern herrührt, die keine Zukunft haben; daher hat er sich als Empfanghaus eine kolossale Hütte bauen lassen, in der er auf einer grossen Ochsenhaut an der Erde sass, während seine Beamten, Soldaten und anderes Volk, dem er gerade Recht sprach, ihn umstanden oder auf dem Boden hockten. Die Hütte war ringsum in der Mauer mit Nischen versehen, in denen Pferde und Maulthiere, wahrscheinlich die Lieblingsthiere des Herrn Statthalters, standen. Er selbst hatte, wohl meinen Besuch erwartend, eine Art Schlafrock von europäischem Möbelkattun übergezogen, der indess nicht reiner war als seine übrigen Kleider.

Sokota ist einer der bedeutendsten Orte in Abessinien, die Zahl seiner zur Agau-Bevölkerung gehörenden Bewohner mag sich auf 4 bis 5000 Seelen belaufen. Es liegt auf mehreren Hügeln und wird in der Mitte vom Bilbis-Flusse durchströmt, der vom Süden kommend dem Tselari zueilt. Seinem ganzen Laufe nach hat er nur in der Regenzeit Wasser, aber bei Sokota führt er solches immer. Die Häuser der Stadt sind besser gebaut, wie die der umliegenden Ortschaften, obgleich auch die besten noch weit hinter den Gebäuden der Neger Central-Afrika's zurückstehen; vorherrschende Form ist die runde Hütte, gewöhnlich mit steinerner Mauer, während die Bedachung nothdürftig aus Stroh hergestellt ist. Das Geräth im Inneren besteht aus einem Rohrbette, alga oder arat[11] genannt, einer Mühle zum Mehlmahlen, d.h. einem flachen, etwas ausgewölbten Stein, auf dem das Getreide mit einem anderen flachen Stein zerrieben wird, und der so in ein Thongestell eingemauert ist, dass das Mehl unten in einen Topf fällt. Einige Töpfe, lederne Säcke, eine Feuerstelle, Vorräthe, in grossen Krügen aufbewahrt, vervollständigen das Ameublement.

Sokota hat nur Eine Kirche, die wie alle im Rundstyl gebaut und ohne alle Merkwürdigkeiten ist, sie heisst Mariz-Mobila. Ein eigenes Quartier von Mohammedanern bewohnt und aus circa 100 Häusern bestehend sagt uns, dass es in Sokota Industrie und Handel giebt, welche beide Zweige hier in Abessinien fast ausschliesslich in den Händen der Mohammedaner sind. Sie bringen von der Küste Salz, Perlen und europäische Stoffe und exportiren dafür Felle, etwas Kaffee, Wachs und Vieh. Nach unseren Begriffen ist der Handel indess sehr unbedeutend. Die Mohammedaner stehen unter keinerlei Zwang, haben ihre Moschee und leben mit den Christen in bester Eintracht.

Man kann hier alle Tage Eier, Hühner, Milch, Butter, Honig, Mehl und selbst Honigwein zu kaufen bekommen und in der Regenzeit werden Kohl, Bohnen und Erbsen gezogen. Alle diese Artikel sind für gewöhnlich sehr billig, aber jetzt durch die grossen Einkäufe der Engländer zu unglaublichen Preisen gestiegen. Ich führe nur an, dass man mir hier 5 Eier für einen Maria-Theresia-Thaler anbot, doch war ich natürlich nicht englisch genug, um auf diesen Handel einzugehen. Die Gerste war so theuer, dass ich von Sokota an täglich für 2 Maria-Theresia-Thaler brauchte; für 1 Maria-Theresia-Thaler bekam man 5 Pfund und manchmal war auch für solch hohen Preis keine zu haben.

Ich blieb zwei Tage in Sokota und genoss während dieser Zeit täglich zwei Mal den Besuch des Gouverneurs, den ich durch das Geschenk eines seidenen Ehrenkleides und seidener Hosen im Werthe von circa 20 Thalern entzückt hatte. Es war dies ein Ehrengeschenk Kaiser Theodor's an Dr. Schimper gewesen und Letzterer hatte mir diese Kleider als Merkwürdigkeit gegeben, da sie aber zu schwer zu transportiren, überdiess von europäischem Atlas fabricirt waren, so hatten sie keinen Werth für mich. Borah meinte, sobald die Engländer das Land würden verlassen haben, würde Krieg zwischen Gobesieh und Kassai ausbrechen, das einzige Mittel zur Beendigung des ewigen Bürgerkrieges sei die Einmischung der Engländer, nach seinem Dafürhalten würde das ganze Land gern bereit sein, sich ihnen zu unterwerfen, und selbst Gobesieh und Kassai würden keine Schwierigkeiten machen, den Besiegern Theodor's zu gehorchen.

Von Sokota aus folgte der Weg Anfangs dem Bilbis und fiel rasch ab. Bei dem reizenden Flüsschen Mai-Lomin oder Citronenquell frühstückten wir und gingen denselben Tag bis Elfenal, das etwas östlich vom Wege liegt. Den ganzen Tag hatten wir die entzückendste Aussicht auf das Tselari-Thal, welche ich früher schon so sehr von Attala aus bewundert hatte; steile Königssteine, wunderliche Felsen, im Hintergrunde der Aladje-Stock, der Debar Ademhoni und andere kolossale Gebirgsmassen setzten ein Bild zusammen, wie es kein anderes Land der Welt zu liefern vermag. Der Tselari fliesst nur drei Meilen von Elfenal in nordwestlicher Richtung mit senkrechten, tief eingeschnittenen Ufern vorbei. Dieser Ort, noch zu Wag gehörig, also unter der Botmässigkeit des Gouverneurs von Sokota, gewährte uns natürlich die gastlichste Aufnahme, aber er war ärmlich und aus Furcht vor Wanzen hatte ich eine durchlöcherte Hütte vorgezogen, wurde aber dafür nass bis auf die Haut, denn jede Nacht gab es Gewitter.

Von hier an änderte sich das Gestein ganz und gar, statt der vulkanischen Gebilde traf man jetzt vorwiegend Sandstein und Kalk, auch einige andere Pflanzen kamen vor, eine Art Cactus, ein Kolkal en miniature, im Ganzen aber entbehrte die Gegend jetzt ganz der Blumen und des Grases, nur Buschwerk und Bäume, die Blätter zu treiben anfingen, waren reichlich vorhanden.

Am anderen Tage hatten wir einen recht beschwerlichen Marsch. Wenn Bergtouren schon in allen Ländern mit grossen Hindernissen verknüpft sind, so ist dies besonders in Abessinien der Fall, wo es gar keine Wege giebt, und an jenem Tage hatten wir durch die Schegalo-Schlucht an den Tselari hinabzusteigen. Der eigentliche Weg in die Schlucht hinab, wahrscheinlich ein künstlicher, war zwar recht gut, aber ganz mit scharfen Basaltsteinen überschüttet, die vor Zeiten irgend eine Wasserfluth hierher gebracht haben muss, da Schegalo wie die Ufer des Tselari selbst keine vulkanische Steinformation haben. Der eigentliche Thalweg von Schegalo war entsetzlich, unten oft durch Blöcke versperrt oder so eng, dass wir abladen mussten, mit senkrechten, oft 100 Fuss hohen Felswänden aus Sandstein oder Marmor, und vom oberen Anfang bis zum Tselari mit einem Falle von circa 2500 Fuss. Dazu begegnete uns eine Karawane von circa 3 bis 4000 Menschen aus Zamra, Samre,

Abergale etc., die alle nach Sokota zu Markte wollten, nur mit Salz beladen, von dem manches Maulthier 200 Stück, ein Mann aber nie mehr als 10 oder 12 Stück trug.

In Schegalo stiess mir zum ersten Mal in Abessinien der Kuka-, Baobab- oder Adansonien-Baum auf, und zwar stand er gerade in Blüthe. Kolossale Exemplare bemerkte ich übrigens nicht, kein einziger hatte über 5 Meter oder 15 Fuss Umfang, während ich in Bornu deren von 15 Meter und mehr Umfang gesehen habe.

Endlich kamen wir an den Tselari, der hier von Osten nach Westen fliesst und trübe thonige Wellen fortrollte, aber trotz des trüben Aussehens war das Wasser ausgezeichnet. Leider konnten wir hier nicht bleiben, kein Dorf war in der Nähe, und eine von Norden kommende Schlucht hinaufsteigend, gingen wir an demselben Tage noch bis Zaka, einem ebenfalls noch zu Wag gehörenden Dorfe. Auf dem ganzen Tagemarsch von Elfenal an hatten wir, so weit wir sehen konnten, kein einziges Dorf bemerkt. Obgleich mit einem Boten des Gouverneurs von Sokota versehen, erfuhren wir hier eine sehr ungastliche Aufnahme, der Abessinier ist gewohnt, nur in der Nähe zu gehorchen, ein Mal aus dem Bereiche der Stimme seines Herrn kümmert er sich wenig um ihn. Dasselbe ist mit allen halbcivilisirten Völkern der Fall, die Türkei, Marokko, Aegypten, Bornu, welche alle ungefähr auf derselben Stufe der Gesittung stehen, zeigen dieselbe Erscheinung. Zaka ist ein kleines Dorf am Südabhang eines hohen Gebirgszuges nördlich vom Tselari.

Nachdem wir dies Gebirge, dessen Nordabhang mit vielen Baobas bewachsen ist, am anderen Tage umgangen hatten, kamen wir in die grosse Zamra[12]-Ebene, welche den Eindruck eines so eben trocken gelegten See's macht. Mitten hindurch fliesst der Zamra-Fluss, derselbe, der weiter nach Osten Garab Dig Dig genannt wird und von Messino kommt. Die Zamra-Ebene ist gross, gewellt und spärlich mit Gras, reichlich mit Mimosenbuschwerk bewachsen, überall liegen Thonschiefer, Alabaster und Glimmerschiefer offen zu Tage. Wie ganz Abessinien ist sie sehr schwach bevölkert. Ich traf hier am Flusse, der gleichfalls vom Regen angeschwollen war, zum ersten Mal den Hadjilidj-Baum, auch trat von hier an die Kranka-Euphorbie wieder auf und die schlangenartige Pfeilgift-Euphorbie war jetzt auf Schritt und Tritt zu sehen. Wir blieben in Fenaroa über Nacht, einem ziemlich grossen Ort an einem Felsen, dessen Bewohner hauptsächlich von Viehzucht leben.

Ein langweiliger Weg führte uns nach dem bedeutenden Ort Samre, indess war die Gegend etwas bevölkerter, wir liessen vier oder fünf Orte dicht am Wege liegen. In Samre war der Zulauf neugieriger Gaffer so gross, wie ich ihn noch nicht in Abessinien erlebt hatte, und der Dedjetj (fürstliche Statthalter) Heilo war wieder so unverschämt, gleich meine Aufwartung zu verlangen, doch hatte meine Antwort dieselbe Wirkung wie in Sokota. Der Dedjetj besorgte mir eine Hütte, schickte dann einen fetten Hammel, Butter, Honig, Tetsch und Brod und liess sich entschuldigen, nicht selbst kommen zu können, da er bettlägerig sei. Unter diesen Umständen sagte ich ihm meinen Besuch auf den folgenden Morgen zu und bat zugleich um eine Wache, da ich die steigende Zudringlichkeit der Leute gar nicht mehr bewältigen konnte und auch nicht gern durch meine eigenen Diener Gewalt ausüben lassen wollte. Alsbald kam denn auch ein Prügelmeister, der Weiber, Kinder und müssige Männer aus dem Hofe meiner Hütte herausprügelte.

Am folgenden Morgen ging ich zum Detjetj Heilo, der an Rheumatismus darniederlag und als Hauptwärter einen indischen, von der englischen Armee desertirten Soldaten hatte, dem es hier recht gut zu gehen schien. Der arme

Teufel, wahrscheinlich durch abessinische Frauen zur Desertion verleitet, wollte sich bei mir entschuldigen und war sehr verdutzt, als er wahrnahm, dass ich kein Hindustani sprach, denn alle englischen Offiziere, welche die abessinische Expedition mitmachten, verstehen diese Sprache, weil die Truppen aus Indien kamen; er beruhigte sich indess, als er sah, dass ich weiter keine Notiz von ihm nahm. Ein prächtiges Pantherfell, welches mir der Dedjetj zum Geschenk machte, erwiederte ich mit meiner eigenen Decke, die ich für 10 Thaler gekauft hatte, da mir alle Geschenke fehlten, auch gab ich ihm noch etwas Pulver und Zündhütchen.

Samre liegt auf einem Hügel und hat ein freundliches Aussehen, weil alle Häuser mit Hecken umgeben sind. Die Agau-Sprache wird zwar hier noch verstanden, hat aber aufgehört, die herrschende zu sein, und wie der Zamra-Fluss die politische Grenze von Tigre bildet, so sind auch in Wirklichkeit die Bewohner hier Tigreaner.

Da die Nachricht eintraf, Sir Ropert Napier sei bereits in Antalo, so beschloss ich, den Marsch von Samre nach Boye in Einem Tage zu machen und meine Diener mit den Maulthieren langsamer nachkommen zu lassen. Als ich Nachmittags in Boye ankam, fand ich im Lager zwar Bekannte, aber von meiner speciellen Gesellschaft, in deren Begleitung ich die Expedition mitgemacht hatte, war noch Niemand angekommen, eben so wenig Sir Robert. Am folgenden Tage langte jedoch Oberst Phayre an, der Chef der recognoscirenden Abtheilung, und in seiner Gesellschaft der preussische Officier Herr Stumm und so waren wir, die wir von Senafe an bis Magdala immer an der Spitze der englischen Armee marschirt waren, wieder vereint und setzten am folgenden Tage auf der Militärstrasse den Weg nach der Heimath fort.

Höhenmessungen mit dem Aneroid.

Abdikum	9250 engl.	Fuss.
Takaze, Bett	5800 "	"
Salit	6200 "	"
Lalibala	7000 "	"
Schegalo	6200 "	"
Bilbala-Gorgis	6170 "	"
Eisemutsch-Thal	6359 "	"
Mári-Thal	5200 "	"
Taba, Ort	6000 "	"
Siba-Pass	6500 "	"
Mokogo-Pass	7800 "	"
Biala-Pass	9000 "	"
Ohlich, Ort	6200 "	"
Telela-Pass	7100 "	"
Sokota	6500 "	"
Emenenagerill-Pass	5600 "	"
Uana-Pass	5550 "	"
Tselari-Bett	3200 "	"
Zaka	4200 "	"
Zamra, Bett	3150 "	"
Fenaroa	4500 "	"
Samre	6000 "	"

Der Aschangi-See in Abessinien

Der Aschangi-See liegt nach den Messungen von General Merewether und Herrn Clemens Markham auf dem 12° 8' 26" nördlicher Breite und 39° 8' 28" östlicher Länge v. Gr. und bildet, wie er sich uns präsentirt, ein von Bergen umschlossenes Becken, welches gerade auf der Wasserscheide zwischen dem Nil und dem rothen Meere sich befindet. In der That fliessen alle Bäche von den hohen Bergen, die westlich den See begrenzen, dem Zerari (oder wie er in anderen Provinzen genannt wird Zelari) zu, während die von den östlichen, den See eindämmenden Hügeln kommenden, dem rothen Meere sich zuwenden. Im Norden und Westen von hohen Bergen umgeben, die im Norden im Sarenga eine Höhe von circa 10,000 Fuss erreichen, da schon die Passhöhe des Ashara-Pass 8547 Fuss (nach Markham 8920 Fuss) beträgt, während im Westen der eben so hohe Ofila-Berg sich befindet, ist der See nach Süden und Osten zu von minder hohen Bergen umschlossen.

Das Gestein der nächsten Berge besteht nach Markham aus marienglashaltigem Schiefer (micaceous schist) und Kreide; ich selbst bemerkte indess grosse Lagerungen von Thonschiefer und Sandstein, und der Grundkern des Gebirges dürfte Granit sein, da in den tief eingeschnittenen Schluchten derselbe offen zu Tage liegt und auch grosse Blöcke davon sich überall vorfinden. Munzinger will auch Trachyt bemerkt haben, ohne indess den Ort anzugeben.

Ueber die Entstehung des See's herrschen verschiedene Meinungen: einige wollen in ihm das Becken eines erloschenen Kraters sehen, während andere die umgebenden

Berge durch eine Naturrevolution sich erheben lassen, um so ein Becken zu formen und den Abfluss zu hemmen. Die letzte Ansicht ist die wahrscheinlichere, da die weiten Alluvialufer nach allen Seiten, mit Ausnahme eines Vorgebirges des Ofila-Berges, das steil und felsig in den See abfällt, den Gedanken an einen Krater nicht gut aufkommen lassen. Jedenfalls war, wenn je ein Abfluss existirte, dieser nach Osten oder Süden, vielleicht ehe die Erdrevolution Statt fand, direct vom Ofila- und Sarenga-Berge ohne dass ein See vorhanden war. Dass sich das Niveau des Wassers jetzt nicht erhöht, kann man einestheils durch allmählige Durchsickerung, welche nach Süden und Osten zu Statt zu finden scheint, erklären anderentheils durch die Verdunstung, die hier, dem Hygrometer zufolge, während einer grossen Zeit des Tages, d.h. von 10 Uhr Vormittags bis 4 Uhr Nachmittags, sehr beträchtlich sein muss.

Das Niveau des Sees fand ich zu 7264 Fuss, und an Zeichen ist abzunehmen, dass dasselbe in und gleich nach der Regenzeit höchstens um einen oder anderthalb Fuss wächst. Markham fand den See bedeutend höher, was zum Theil sich aus der Berechnung nach verschiedenen Tabellen erklären lässt, oder dass irgend eine Ungenauigkeit in der Beobachtung Statt fand. Ueber die Tiefe des Sees, der vollkommen süsses Wasser hat, so wie über die Dichtigkeit des Wassers desselben liegen bis jetzt keine Beobachtungen vor, da die englische Armee auf dem Hinmarsche nach Magdala zu rasch vorbei ging, um dergleichen Untersuchungen anstellen zu können. Wir selbst beim Recognoscirungswege weilten nur eine Nacht an den nördlichen Ufern des Sees. Der Mangel an allen auch noch so kleinen Schiffen, deren Gebrauch den Uferbewohnern völlig unbekannt ist, trug natürlich auch dazu bei, dass solche Untersuchungen nicht angestellt werden konnten. Indess steht zu hoffen, dass uns die Naval-Brigade oder die

Pontonierabtheilung auf dem Heimwege Aufklärung darüber geben werden. Die Temperatur des Wassers fand ich um 12 Uhr 24,8 C. bei 18,6 Luftwärme.

Der See hat einen Umfang von 11 englischen Meilen und die Gestalt eines unregelmässigen nach Süden sich ausbiegenden Kreises. Auf allen Seiten, besonders nach Norden und Nordwesten zu, ist er von flachem Alluvialboden, welcher sich an die Berge hinaufzieht, umgeben, und diese flachen Ufer nehmen im Bergbecken einen eben so grossen Raum ein wie der See selbst. Dieser Boden, der nach dem See zu, fast möchten wir sagen vegetabilisch wird, so sehr ist er vermischt mit vermodernden Pflanzentheilen, erlaubt Niemand sich dem Wasser zu nähern, da man schon auf eine Entfernung von mehreren Schritten, obgleich die Oberfläche vollkommen hart und wie gefroren aussieht, einsinkt.

Die Bewohner um den See sind Abessinier, aber alle Mohammedaner; dies spricht noch dafür, dass die eigentliche Wasserscheide durch die Westgebirge des Sees gebildet wurde, da die Trennung des Christentums vom Islam hier der Wasserscheide folgt. Bei der Eroberung der östlichen Provinzen Waag's durch Gobesieh gegen Theodor leisteten die Anwohner des Aschangi ersterem so gute und wirksame Dienste, dass sie dafür als Belohnung die Auszeichnung bekamen, einen eigenen Kreis zu bilden, während sie früher zu Kasta gehört hatten. Sie bezahlen ihre Abgaben, die in Korn, Vieh und Kriegsdienstleistung bestehen, jetzt direct an Gobesieh von Waag, während sie früher an Meschascha, den Neffen Gobesieh's und Fürst von Lasta zahlen mussten. Sie wohnen in kleinen Weilern; die Häuser derselben sind roh aus unbehauenen Feldsteinen aufgeführt und rund von Form mit konischen Strohdächern; mehrere solcher runden Hütten durch eine niedere steinerne Mauer umgeben bilden eine Familien-Wohnung. Im Inneren sind sie sehr dürftig ausgestattet; einige Geräthe zum Kochen, grosse thönerne Töpfe oft 5 Fuss hoch zum Aufbewahren des Korns, eine erhöhte Ruhestätte oft aus Thon, oft aus Holz und Rohr, mit einem Fell überdeckt, bleierne Gefässe und Schüsseln, bilden das ganze Ameublement. Das Vieh ist häufig- bei den ärmeren Leuten Nachts im Wohnhause, bei den Wohlhabenden jedoch immer in besonderen Räumen. Der Hauptnahrungszweig der Aschangibewohner ist Ackerbau, der das ganze Jahr hindurch, sei es durch Regen im Sommer, sei es durch künstliche Irrigation im Winter betrieben wird. Man baut fast nur Gerste, sehr wenig Weizen und sonst wird ausser Tabak nichts gezogen. In der Kleidung unterscheiden sich die Bewohner in Nichts von den übrigen Abessiniern, indess haben viele Männer metallene Ringe, keilförmig zugebogen um den Arm. Dies ist ein Zeichen, dass sie einen Galla erlegt haben, denn trotzdem sie Mohammedaner sind, herrscht doch eine erbitterte Feindschaft zwischen ihnen und den östlich von ihnen wohnenden Asebo-Galla; mit den umwohnenden Christen leben sie in guten Beziehungen. Ausser Ackerbau ernähren sie sich aber auch von Viehzucht; Rinder und Schafheerden und besonders gute Pferde zeichnen das Aschangi-Thal aus. Die meisten nach Tigre kommenden Pferde, welche als Lasta- oder Schoa-Pferde, die besonders berühmt sind, aufgekauft werden, kommen aus Aschangi. Der See, der vielleicht viele Fische birgt (wir konnten von den Umwohnern merkwürdigerweise nicht in Erfahrung bringen, ob Fische darin sind oder nicht, und auch Herr Munzinger, der ihn früher besucht hatte, konnte keinen Aufschluss darüber geben) und auf dem grosse Schwärme Wasservögel aller Art sieh herumtummeln, scheint gar nicht von den Anwohnern ausgebeutet zu werden.

An den Ufern finden sich in den grossen wilden Feigenbäumen und Mimosen grüne Papageien der kleinen

Art, ohne langen Schwanz, Nachtigallen und viele andere Singvögel. Die wohlriechende weisse einfache Rose, Jasmin, ächte Aloes bilden dann den Hauptbaumwuchs, während die Berge höher hinauf gut mit Juniperen, Schirmakazien und Kolkolbäumen bewachsen sind. Von reissenden Thieren scheint nur die Hyäne am Aschangi-See vorzukommen und auch diese selten, wenigstens wurden wir Nachts nur wenig gestört. Antilopen, Gazellen, Hasen, Rebhühner, Perlhühner und verschiedene Arten von Tauben beleben die Wälder und würden den Eingeborenen eine reiche Nahrungsquelle abwerfen, wenn sie dieselben zu jagen verstünden; aber fast ohne Feuerwaffen, nur mit Spiessen, langen, etwas krummen Schwertern und runden ledernen Schilden versehen, bleibt die Jagd erfolglos.

Dieser reizende See, den Herr Munzinger mit dem Zuger-See vergleicht, mit einem ewigen Frühlingsklima wie es eine Höhe von 7000 Fuss in diesen Breiten mit sich bringt, wird sicher, wenn Abessinien einmal erst ein stabiles Gouvernement und geregelte Beziehungen zu Europa hat, einen Hauptanziehungspunkt für Touristen und Jäger bilden. Der gutmüthige obwohl kriegerische Charakter der Anwohner, die bedeutend offener und zuvorkommender als die nördlichen Tigrenser sind, wird bald durch eine längere Berührung mit Europäern gewinnen, in der That konnten wir in der ganzen Handlungsweise der Eingebornen von Aschangi einen grossen Umschwung in der Gesinnung der Bevölkerung bemerken, in Tigre blos Duldung und gezwungene Freundschaft, in Waag von Aschangi an offene Freundschaft und herzliches Entgegenkommen.

Nach Axum über Hausen und Adua.

In Abessinien gewesen sein ohne Axum gesehen zu haben hiesse, um sich eines alten Sprichwortes zu bedienen, nach Rom gehen und den Papst nicht sehen. Und so, obgleich ermüdet von der ganzen englischen Expedition, die der Anstrengungen und Entbehrungen nicht wenige hatte, noch wie gerädert von der eben vollendeten Tour nach Lalibala, beschloss ich von Antalo aus, auf welchen Punkt ich von Lalibala und Sókoto herausgekommen war, nach Axum zu gehen.

Merkwürdigerweise hatte die englische Expedition bis jetzt gar keine Veranlassung gegeben zu weiteren geographischen Forschungsreisen, obgleich das Land und Volk namentlich zu kleineren Reisen gerade jetzt den günstigsten Augenblick bot. Man hätte von Magdala über den Dembea-See, über Chartum und über andere Punkte Partien schicken können, aber von alle dem geschah nichts, und nur dem Zufall verdankte ich es, von Talanta aus von Sir Robert die Erlaubniss zur Abreise von der Armee zu bekommen; spätere Gesuche um derartige kleinere Ausflüge zu machen wurden vom englischen Oberkommando abschlägig beschieden. Möglich auch, dass sich wenige Leute gemeldet haben würden, von denen man derartiges gerade hätte erwarten dürfen: Markham war, sobald der letzte Schuss von Magdala gefallen war, wieder zurückgeeilt, Grant ebenfalls, Blanford der Geologe hatte nach Gondar zu gehen die Absicht, doch ihm wurde eine Escorte (die er aber gar nicht nöthig gehabt hätte) vom General en chef verweigert, ebenso dem Oberst Phayre, der die schönen Wegeaufnahmen für die englische Arme gemacht hatte, kurz die Armee mit allem was mitgezogen war, eilte so rasch, wie sie gekommen war, wieder ans Meer.

In Antalo angekommen traf ich einer der ersten ein, von denen, die bei dem Sturm von Magdala gewesen waren; erst am folgenden Tage kam Oberst Phayre, Herr Lieutenant Stumm und Abtheilungen von Soldaten, welche die ehemaligen Gefangenen escotirten. Der General en chef war erst in Attala, also noch drei bis vier Tagemärsche zurück. Herr Stumm entschloss sich nun schnell sich mir anzuschliessen, indess wurde ausgemacht, um von Antalo oder vielmehr Boye, denn hier war das englische Lager, nach Axum zu gehen, dass wir erst in Gesellschaft von Oberst Phayre noch einige Etappen weit die Militärstrasse benutzen wollten. Indem wir die Etappen verdoppelten waren wir am 12. Mai in Agóla und traten von hier aus unseren Tour nach Axum an.

Frühzeitig wie Phayre, dieser unermüdliche Fussgänger, welcher immer um 3 Uhr Morgens seine Märsche antrat, machten auch wir uns um 4 Uhr Morgens auf den Weg. Im Anfange folgten wir noch dem Militärwege, der uns in die Dóngolo-Ebene führte, gingen also in N. z. O. R., aber etwa eine Meile, ehe wir den von Dóngolo kommenden Gonfel-Fluss benutzten, bogen wir ab und hielten dann N. N. W. R. Die grosse Dóngolo Ebene ist äusserst fruchtbar und hat herrliche Wiesen, deren Kräuter und Gräser der letzt gefallene Regen jetzt hervorspriessen machte. Wir liessen gleich links auf einer kleinen Anhöhe eine halbe Meile[13] vom Wege entfernt das Dorf Adekau liegen, und von hier an kamen wir in buschiges Terrain, belebt von einer grossen Anzahl bunter Vögel, Tauben, Perlhühner, Hasen und von grösserem Wilde, welche hier einen ungestörten Aufenthalt fanden; aber eine Unmasse kleiner Fliegen, die Begleiterinnen des weidenden Rindviehs, begannen uns und unsere Pferde auf eine schreckliche Weise zu quälen, und je heisser es wurde, desto schlimmer wurden diese Qualen.

Nach einer Weile überschritten wir dann die Grenze von Tará um den District Eiba zu betreten, hier deutlich gekennzeichnet durch eine tief von S.O. nach N.W. laufende Schlucht, welche auf den von N. kommenden Sulloh oder Surohfluss mündet. Dieses stark rieselnde, von buschigen Ufern eingefasste Wasser verfolgten wir eine Meile nördlich und lagerten dann unter einem schattigen Oelbaum, um unseren Thieren etwas Ruhe zu gönnen. Von hier aus biegt der Fluss dann von N. O. kommend ab, wir selbst aber gingen in N.W. Richtung weiter. Ansteigend kamen wir dann auf einen Hochkessel von sonderbar geformten Sandsteinfelsen eingeschlossen; im Westen bilden die Wand hauptsächlich die Berge Adamesso und Adeitesfei mit Dörfern gleichen Namens. Nach O. zu sind die Berge weiter entfernt. In der Mitte liegen zahlreiche Dörfer, doch auch die bevölkerteste Gegend Abessiniens ist arm an Menschen in Vergleich zu Ländern, die wir gut bevölkert nennen. Wir campirten Abends in Eiba, der Hauptstadt des Districtes gleichen Namens. Es ist dies ein weitläufiger Ort aus grossen Gehötten, die oft mehrere Familien einschliessen, bestehend, die Hälfte, oft zwei Drittel der Häuser sind immer in Ruinen. Und obgleich hier in Tigre die Häuser jetzt ausschliesslich aus Stein gebaut sind, so ist doch der Vorrath an Ungeziefer in demselben eben so gross wie in den südlichen Provinzen. Es unterliegt keinem Zweifel, die Abessinier sind das schmutzigste Volk von ganz Afrika. Sobald man Tigre betreten hat, bemerkt man indess eine auffallende Verschiedenheit in der Construction der Gebäude, nicht nur dass die Wände alle von Stein gebaut sind (dies findet man auch auf den hohen südlichen Hochebenen von Uadela und Talanta), wird die runde Hüttenform mehr und mehr verlassen und an ihre Stelle tritt das viereckige Haus mit plattem Dache. Meist nur aus einem Zimmer bestehend, deren innere Möblirung sich in Nichts von denen der Hütten unterscheidet, sind die Dächer von Balken gebildet, die ausserdem noch mit Reisern, auf welche man Thon gelegt hat, überdeckt sind.

In Eiba fanden wir übrigens noch einigermassen gute Aufnahmen, d.h. wir konnten für Geld etwas haben, und zwar keineswegs billiger als in Europa.

Die herrlichste Aussicht hat man von hier auf die wunderbar geformten Felsen Abergale's, welche im W. den Horizont wie ein Wald gothischer Kirchthürme oder sonstiger eigenthümlicher Gebilde verschliessen. Diese zackigen Felsen, von denen Gemer-Amba, Dar-Mariam, Korar, Debrar-Abraham die hervorragendsten sind, tragen sämmtlich, wie das schon der Name andeutet, Kirchen auf ihren Gipfeln. Nach den Aussagen der Leute von Eiba sollen dieselben an Pracht und Kunst selbst die in ganz Abessinien berühmten Kirchen von Lalibala übertreffen. Da unsere Zeit sehr gemessen war um rechtzeitig bei der Einschiffung der englischen Truppen in Zula einzutreffen, bedauerten wir beide sehr, diese interessanten Kirchenberge nicht besuchen zu können, obschon wohl nicht anzunehmen ist, dass sie auch nur im Entferntesten den Gebäuden Lalibala's gleich kommen. Die Bewohner in diesem Theile von Abergale sollen ebenfalls noch heute Troglodyten sein.

Am folgenden Tage hatten wir nur einen kleinen Marsch nach dem 4 Meilen entfernten Hausen, welches auf einer von O. nach W. streichenden Sandsteinrippe liegt. Wir mussten dahin zwei kleine Bäche passiren, den Mai-Gundi und den Abega, die hier von NO. nach SW. laufen. Die zu passirende Gegend ist gewellt und noch einigermassen der Cultur zugänglich, während nach W. sich bis zu den Bergen Dama Galla ein unabsehbares Gewirr von steinigen Hügeln erstreckt.

Bei Hausen selbst fliesst ein kleiner Bach, der gleich nördlich am Orte entspringt, und an seinen Ufern unter schattigen Akazien schlugen wir unser Lager auf. Der Platz war wirklich reizend, der Rasen fing eben an auszuschlagen, die Mimosen entwickelten ihre jungen fein ausgezackten Blätter, im Rücken das Dorf, oder die Stadt wenn man will, auf hohen Sandsteinblöcken gelegen, welche halb durch einen Wald dichten Rohres versteckt waren, vor uns das klar rieselnde Wasser und dann die herrliche Aussicht auf Eiba und die wunderlichen Felsen Abergale's. In Hausen giebt es freilich nichts Bemerkenswerthes; dazu kam, dass der Dedjat oder Statthalter abwesend, da er zu Kassai gerufen war, und die Leute zeigten sich so ungastlich und frech, wie man sie nur in Tigre finden kann. In der That fanden wir hier die Preise des Korns für uns so unverschämt hoch, dass wir für unser Vieh, wir hatten zusammen 11 Stück, an Einem Tage 14 Marien-Theresien-Thaler verausgabten. Hausen war in früheren Zeiten mehrfach Hauptstadt[14] von Tigre gewesen, jetzt ist es ein elendes Nest. Auch die Kirche hat nichts Bemerkenswerthes, höchstens dass der hinterste Theil derselben aus dem Fels ausgehauen ist. Ursprünglich scheint die ganze Kirche auf diese Art erbaut gewesen zu sein; später zerstört, hat man dann ein Gebäude abessinischer Art daraus gemacht, welches sich durch nichts als Geschmacklosigkeit auszeichnet.

Froh diesen ungastlichen Ort verlassen zu können, brachen wir am anderen Tage früh morgens auf; aber kaum hatten wir einige Schritte gemacht, als ein Unfall andeutete, dass wir keinen angenehmen Tag haben sollten: mein bestes Maulthier, welches die beiden schwersten Kisten trug, überstürzte sich beim Uebersringen eines Grabens, und ich weiss noch nicht wie es kam, dass weder Maulthier noch Kisten Schaden litten. Dann ging es weiter; aber wie trostlos, echt abessinisch war die Gegend, Zum besseren

Verständniss führe ich hier an, dass von Adigrat auslaufend die hohen Berge in Debra-Zion weit nach S. zu vorbiegen, dann sich wiederzurückziehend, kommen sie mit der Angoba Amba wieder nach S. Von diesem Zuge aus laufen nach S. zahlreiche kleine Rippen, aber bald ist das Ganze ein Gewirr von niedrigen Bergen, von Oben und Weitem gesehen wie eine Ebene, in der That aber durchschnitten genug, um bei den schlechten Wegen die Geduld des Reisenden auf eine harte Probe zu setzen.

Unsere Richtung war, die vielen kleineren Biegungen ausgenommen, fast durchaus WNW. Und so fort kletternd über die unwirtlichen Felsen, ohne auch für den ganzen Tag auf ein einziges Dorf zu stossen, oder auch nur von Ferne eines zu sehen, war das einzige Schöne die wunderbaren Formen der Felsen im Norden. Wer in der That Berge sehen will, muss nach Abessinien gehen, es giebt keine denkbare Form, die hier nicht zu finden wäre. Das Gestein, welches wir an diesem Tage erblickten, bestand fast durchweg aus verschiedenen Schiefern, von denen Thonschiefer und Glimmerschiefer die vorherrschenden waren, oft marschirten wir indess über Hügel, die mit kleinen weissen Quarzstücken wie bestreut waren. Die Vegetation war äusserst spärlich und bestand meist aus verkrüppelten Mimosen und dem unvermeidlichen Kolkol-Baum. Wir passirten den Felagelasi, der in den Woreb geht, und hielten dann längere Zeit am Mai-Metjelorat, der ebenfalls dem Woreb tributär ist Sodann hatten wir noch den Orei zu passiren, der von dem Tjametfluss durch den Adergebeto-Berg getrennt ist. Wir hatten den Angeba-Berg endlich erreicht, aber obschon unser Führer uns gesagt hatte, wir würden ein Dorf hier finden, sowie Wasser, so erwies sich das als irrig: das Dorf war hoch am Berge hinauf gelegen, das Wasser eine Stunde weit zurück. Heftig eintretender Regen nöthigte uns indess unsere Zelte aufzuschlagen, und in der Nähe fanden wir Hirten, welche aber nichts zu verkaufen hatten. Das Vieh musste Abends 1 Stunde weit zum Wasser zurück geführt werden, und ebendaher mussten wir auch unser Trinkwasser holen; für uns selbst hatten wir Vorräthe, und ein grossen Haufen Stroh musste als Viehfutter dienen.

Der folgende Tag war besser, was Gegend und Bevölkerung anbetraf. Aber wegen des Regens am Tage vorher konnten wir erst um 7 Uhr aufbrechen; wir umgingen dann den Angeba-Berg und hielten dann im Ganzen NW. z. N.-Richtung. Grosse Feigenbäume, die hier und da die Gegend beschatten, Dörfer an den Abhängen der Berge, Viehheerden, welche von singenden, halbnackten Hirtenburschen durch die Büsche getrieben wurden, lassen die Zeit rasch verstreichen. Wir passiren um 9-1/2 den von NO. kommenden Gebre Rhala-Bach mit gutem Wasser, und um 11 Uhr sind wir am Flusse Fersmai, wo wir in der Nähe eines üppigen Pfefferfeldes einen Halt bis Nachmittag machen. In gerader W.-Richtung sehen wir von hier den Gipfel des mächtigen Semaita-Berges über die niedrigen Hügel, die uns umgeben, hervorragen. Wir gingen denselben Abend noch bis zum Orte Assai, der am nordöstlichsten Ende des Semaita-Berges selbst liegt. Der Ort hat indess wie alle eine grosse Ausdehnung woraus es sich erklärt, dass er auf einigen Karten weit östlich von Semaita verzeichnet ist. Halbwegs zwischen Semaita und Fersmai liegt östlich vom Wege der Berg und Ort Gedera.

Wir hatten jetzt nur noch einen Marsch bis Adua, der jetzigen Residenz von Tigre, wenn von Residenz die Rede sein kann in einem Lande, wo der Fürst fortwährend im Lager lebt, und heute hier, morgen da campirt. Wir umgingen nördlich den Semaita-Berg, eine Schlucht übersteigend, die ihn vom Raya-Berg trennt, und den Gu-Asses, den Gedem-Anharet, endlich den Aba Gerima links lassend, langten wir nach 3 Stunden vor Adua an.

Obgleich wir von einem unserer Armeedolmetscher, der von Adua war, die Erlaubniss bekommen hatten, sein Haus zu beziehen, so zogen wir doch vor, unsere Zelte aufzuschlagen, und fanden auch einen hübschen Platz unter einem Feigenbaume, welcher Schatten für tausend Menschen bietet. Gleich darauf brachen wir aber auf, um die Stadt zu besehen. Adua liegt auf dem linken Ufer eines immer Wasser habenden Rinnsales, der vom Semaita kommt und Assem heisst. Die Stadt Adua ist ganz verschieden von allen anderen abessinischen Orten. Mit einer Mauer umgeben macht sie den Eindruck einer wirklichen Stadt, und die hohen, oft mit einem Stockwerke versehenen Häuser, welche manchmal sogar kleine maurische Fenster haben, tragen nicht wenig dazu bei, den städtischen Eindruck zu erhöhen. Aber selbst die weitläufigen Vorörter mitgerechnet, welche Adua nach Süden und Osten umgeben, glaube ich nicht, dass die Stadt, wie Ferret und Gallinier angeben, 4000 Einwohner hat. Wenigstens jetzt glaube ich nicht zu niedrig zu greifen, wenn ich sie auf circa 2000 Einwohner schätze.

Unsere Ankunft hatte natürlich eine ungemein grosse Menge neugieriger und müssiger Menschen versammelt, welche uns lachend und lärmend nachgingen. Die Strassen sind überdies so eng und schmutzig, dass nur Menschen passiren können, zwei Maulthiere oder Pferde würden keinen Platz zum Ausweichen haben. An öffentlichen Gebäuden hat die ummauerte Stadt (die Vorstädte haben auch Kirchen) nur eine grosse Kirche aus neuerer Zeit, also im Rotundenstyl gebaut, und mit Stroh gedeckt. Sie ist der Maria geweiht. Eine grosse Zahl müssiger Priester lagerte im Hofe, welcher von schönen Oelbäumen beschattet ist. Ueberhaupt zeichnet sich Adua dadurch aus, dass in den kleinen Höfen, welche bei den Häusern sich befinden, überall Wein, Granaten, Apfelsinen und Pampelmuse sich befinden. Offenbar muss der Wein von Deutschen eingeführt sein, die Aduenser nennen die Weinrebe "Wein". Auch macht die nahe Küste sich hier bemerkbar, denn Adua ist immer Hauptmittelplatz zwischen dem rothen Meere und Abessinien gewesen. Hier war der Hauptfabrikort für die feinen Filigranarbeiten, bis Theodor auf seinem Zuge nach Tigre alle Arbeiter mit fortführte und dieselben seinem Hofstaate einverleibte. Ein Theil dieser Leute war eben jetzt wieder zurückgekehrt. Aber auch eine Menge anderer Handwerker findet man in Adua, welche man in den anderen Orten Abessinien's vergebens suchen würde. Der Handelsstand und die Handwerker sind hauptsächlich Mohammedaner, viele von ihnen kommen blos zeitweise von Massaua nach Adua. Auch einen Griechen trafen wir hier als Flintenhändler, und ein Araber, der eben erst von Massaua gekommen war, hatte Cigarren und Wermuth zu verkaufen. Leider hatte ein Engländer, ein gewisser Lord Adare, Correspondent des Dayly Telegraph während der Expedition, der gerade einen Tag vor uns nach Adua gekommen war, Alles aufgekauft, so dass wir uns nichts von diesen Genüssen verschaffen konnten. Im Uebrigen waren die Aduenser ebenso ungastlich, geizig, frech und schmutzig wie die übrigen Tigrenser. Es scheint als ob in früheren Zeiten auch Juden in Adua gewesen seien, welche man in Abessinien unter dem Namen "Felascha" kennt, heutzutage giebt es keine mehr hier, nur in einigen Orten in Tembien und in Gondar sollen solche noch vorkommen. Wir besuchten dann das uns vom Dolmetsch angebotene Haus, aber es war so mit Wanzen, dieser allgemeinen Plage aller abessinischen Wohnungen, überfüllt, dass wir gleich jeden Gedanken, uns in Adua selbst einzurichten, aufgaben. Auch das Haus des Dr. Schimper besuchten wir, sahen uns aber sehr getäuscht, etwas besseres vorzufinden. Das einzige, was uns als merkwürdig auffiel, war das

Studirzimmer in seiner Hütte, wie ein Observatorium, oben auf dem platten Dache des Hauses errichtet. Hier fanden wir den leeren Schrank einer schwäbischen Kukuksuhr, welche uns der jetzige Inwohner mit vielem Respect als etwas ganz Aussergewöhnliches zeigte. Dieser Schrank aus Bambus und Leder verfertigt sah höchst komisch aus, und anfangs wussten wir gar nicht was wir daraus machen sollten, bis zuletzt der Kopf, worin die Uhr selbst gewesen sein musste, uns zeigte, wozu er gedient haben müsste.

Dr. Schimper wurde in Adua zurück erwartet, einige seiner alten ehemaligen Diener lebten dort noch. Es scheint übrigens, dass Dr. Schimper durch seinen langen Aufenthalt in Abessinien selbst ganz Abessinier geworden ist, und weil er seit Jahren nichts Anderes gesehen hat, ausser Stande ist, Vergleiche anstellen zu können; so schien es mir höchst übertrieben, wenn er behauptete, dass Abessinien über 10,000,000 Einwohner habe; ich mochte dem Lande kaum ein und eine halbe Million zuschätzen, und Adua ein irdisches Paradies zu nennen, einen Ort, dessen Umgegend des Baumschmuckes entbehrt, zeigt deutlich genug, wie einseitig seine Meinung von Abessinien ist.

Zu unseren Zelten zurückgekehrt fanden wir eine ungeheure Menschenmenge versammelt, theils neugierige Gaffer, theils Leute, welche allerlei Gegenstände natürlich zu den unverschämtesten Preisen zum Verkauf anboten. Auch ein Musikus hatte sich eingestellt, der auf einem Instrumente spielte und arg seinen Körper dabei verdrehte, unter Gesängen; kurz es etablirte sich ein vollkommener Jahrmarkt. Ein Priester, halb angetrunken, brachte uns einige Eier und eine kleine Flasche mit Araki, in Adua selbst destillirt; wir wollten ihm ein Gegengeschenk machen, aber er wollte nichts annehmen. Später kam er noch ein Mal und zwar nüchtern, und wir bekleideten ihn dann mit einem grossen Fliegennetz, in das wir ein Loch hineingeschnitten hatten, um den Kopf hindurch zu stecken. Herr Stumm und ich konnten uns des Lachens kaum enthalten, als wir den Pfaffen so mit einem Bettfliegennetz bekleidet sahen, und wie er sich vergebens abmühte Aermel zu finden, um seine Hände frei zu bekommen. Als wir ihm dann sagten, dass unsere Abuna ähnliche Mäntel trügen, beruhigte er sich und schritt stolz von allen Aduensern bewundert und angestaunt der Stadt zu. Nachher sollte aber das Lachen auf seiner Seite sein, er hatte uns nämlich dringend eingeladen, sein Haus, seinen Garten, seinen Springbrunnen zu besehen, und neugierig gemacht gingen wir, obschon es spät Abends war, mit nach der Stadt zurück. Wir fanden ein Haus schmutzig wie alle anderen und von derselben Einrichtung, einen kleinen Hof, wo in der That Granaten, Orangen und Weinreben waren, statt des Springbrunnens indess einen einfachen Ziehbrunnen, der jedoch als etwas Wunderbares gezeigt wurde. Dann brachte der Priester, und dies war seine Hauptabsicht, ein Löwenfell hervor, um es Herrn Stumm zu verkaufen, und wusste es so einzurichten, dass dieser es wirklich für 45 Thaler kaufte; ich denke der Priester hatte in seinem Leben nie ein so gutes Geschäft gemacht, er war so entzückt, dass er uns am folgenden Morgen noch sechs Eier zum Geschenk brachte.

Also am anderen Tage sollten wir das berühmte Axum sehen, die alte Capitale des Landes, wo nach den Aussagen der Abessinier die Königin Saba ihren Thron hatte und von wo aus sie die Reise nach Jerusalem unternahm, um Salomon als Beisteuer zum Tempelbau Gold und Ebenholz zu bringen. Der Weg von Adua nach Axum ist verhältnissmässig gut, nur zwei oder drei kurze Strecken sind schlecht. Nachdem man gleich bei Adua den Assem überschritten, kreuzt man noch die kleinen Flüsse Mai-Goga und Mai-Schugurti. Die Gegend ist kahl aber stellenweise gut cultivirt. Rechts hat man nach 3 Meilen auf einem Hügel den Ort Bit Johannes, dann später dicht vor Axum eine einsame Kirche auf einem hohen Berge, Pantalem genannt.

Axum, von Alvares Chaxuma genannt, ist jetzt bedeutend heruntergekommen, obschon es immer noch zu den grösseren Orten Abessiniens gehört. Es liegt einige hundert Fuss höher als Adua, welches selbst nach einer durchschnittlichen Berechnung 5500 Fuss über dem Meere liegt. Alvares erzählt uns, dass hier die Königin Saba, deren wahrer Name Maquerda[15] gewesen sei, regiert und nach ihr ihr Sohn, den sie mit Salomon gezeugt hatte. Auch finden wir in seinem interessanten Buche, dass von hier aus zuerst das Christenthum nach Abessinien verbreitet wurde, und zwar als auch eine Königin regierte, mit Namen Candace[16] oder Judith. Freilich finden wir heutzutage nichts von den Wundern, von denen Alvares uns in seiner Beschreibung von Axum unterhält, und da unmöglich die Gebäude und Steine in einem Zeiträume von 4000 Jahren können spurlos verschwunden sein, so ist wohl anzunehmen, dass er seiner Phantasie grossen Spielraum gelassen hat, ebenso wie er es mit Beschreibung der Kirchen von Lalibala thut[17]. An Merkwürdigkeiten haben wir nur heutzutage in Axum die alten Ruinen aus vorchristlicher Zeit und die Kirche. Letztere ist ein Gebäude ohne alle Kunst, obgleich ganz verschieden von allen anderen Kirchen in Abessinien, weil sie ganz aus Stein aufgeführt ist. Das Material dazu haben die alten Ruinen liefern müssen, wie auch die Substructionen, sowie die steinernen Treppen, welche zur Kirche führen, andeuten, dass hier früher wohl ein heidnischer Tempel gestanden haben mag. Vor der Hauptfaçade ist ein Säulengang, die anderen Seiten der Kirche, welche selbst ein längliches Viereck bildet mit glattem Dache, sind ohne jeglichen Schmuck. Die fanatischen Bewohner wollten uns nicht erlauben das Innere zu betreten; hier war der religiöse Fanatismus noch grösser als die Geldgier. Von den vielen Palästen, dem Löwenhause oder Ambacabete, den Springbrunnen, von denen Alvares schreibt, konnten wir keine Spur finden, ebensowenig Inschriften, eine amharische[18] ohne Bedeutung ausgenommen.

Ebenso scheinen Alvares Aussagen von den anderen Ruinen entweder sehr übertrieben zu sein, oder der Vandalismus der Bewohner müsste dieselben zerstört haben, denn selbst wenn dieselben auseinander gefallen wären, so müssten die Bruchstücke heutzutage zu finden sein, da der Stein, dessen man sich zu diesen Bauten bedient hat, sehr gut der Witterung wiedersteht. Der Stein, welcher eine Art von Granit ist[19], muss aus einer anderen Gegend hergeholt sein, denn in der Umgegend von Axum findet man nur Sandstein, Kalk und Schiefer[20].—Dicht bei einem ungeheuren Feigenbaum, der in seinem Umfange dem ausserhalb der Stadt Adua stehenden gleichkommt, und in Axum den Namen "Baum des Pharao" führt, findet man den berühmten Obelisk von reinster und schönster Arbeit, als ob er gestern aus der Hand des Meisters hervorgegangen wäre. Aber die Zeit, welche den Obelisk selbst nicht angreifen konnte, so scharf sind noch heute alle Ecken, Umrisse und Zeichnungen, hat eine Senkung des Erdbodens bewirkt, welche ihn in eine merkwürdig geneigte Stellung gebracht hat, vielleicht nur noch einige Regenzeiten und der Mittelpunkt der Lothrechten wird sich ausserhalb der Basis befinden, und dann wird auch der letzte Zeuge der Wunderbauten Axums gleich seinen Brüdern in Stücken auf dem Boden liegen. Ferret und Gallinier erwähnen nichts von dieser geneigten Stellung dieses Obelisken, den sie 80 Fuss hoch schätzen, während Alvares dessen Höhe auf 66 Ellen oder Bracia angiebt. Auch letzterer, der genau das ganze Ruinenfeld beschreibt, erwähnt nichts von einer schiefen Stellung, ebensowenig Th. von Heuglin.

Leider war unsere Zeit zu kurz gemessen, als dass uns genug übrig blieb, um die Königsgräber und die von Salt und v. Heuglin genau beschriebene griechische Inschrift zu besichtigen. Nach Salt sind diese Bauten nicht vor der Zeit der Ptolemäer errichtet und sollen von einem gewissen König Acizane circa 300 Jahre nach Chr. durch nach Abessinien gekommene christliche Arbeiter hergestellt sein. Dapper in seiner Liste der Abessinischen Könige führt ihn nicht auf.

Selbigen Tages kamen wir Abends wohlbehalten in Adua an, und verbrachten den folgenden Tag damit, unsere Einkäufe für die Rückreise zu machen, da wir auf die Vorräthe im Lande gar nicht rechnen konnten. Die Kirche in Adua, die uns an dem Tage geöffnet wurde, bot nichts bemerkenswerthes, es ist ein Gebäude der Neuzeit.

Eine zahlreiche Menschenmenge hatte sich am 20. eingefunden, um Abschied von uns zu nehmen, und vielleicht weggeworfene oder vergessene Sachen sich anzueignen. Wie gross die Armuth ist, kann man überdies daraus sehen, dass den ganzen Tag unter den Pferden und Maulthieren alte Weiber und Kinder herumhockten, um etwa zu Boden fallende Körner aufzusammeln.

Unser Weg führte uns in ONO.-Richtung; den erhabenen Semaita-Berg wieder rechts lassend; aber so zerrissen und wunderbar geformt die Gegend nördlich von Adua auch ist, so war die Strasse doch im Allgemeinen gut. Zudem war sie sehr belebt, da gerade an diesem Tage der wöchentliche Markt in Adua abgehalten wurde, und nun aus der ganzen Umgegend Alt und Jung herbeiströmte um Einkäufe für die Woche zu machen.—Sobald man den Reberen-Pass überstiegen hat, laufen die Gewässer alle nach NW. um dem Mareb tributär zu werden. Bei einer Quelle Mai-Schuha wurde ein kurzer Halt gemacht. Wie wenig sicher indess die

Gegend ist, ersahen wir daraus, dass ein einzelner Mann trotz der wegen des Marktes belebten Gegend fast vor unseren Augen ausgeplündert wurde, wahrscheinlich war es ein Wiedervergeltungsact eines fremden Dorfes, weil Niemand sich hineinmischte. Als wir alle anderen Leute theilnahmlos, den Mann von vier anderen ausziehen sahen, hielten wir es auch nicht für geboten uns ins Mittel zu legen, und wie Adam im Naturkleide konnte er dann abziehen.

Der hohe zweigipflige Gendepta-Berg wird nun umgangen, so dass wir ihn westlich liegen lassen, und sodann passiren wir noch mehrere Rinnsale, die alle mittelst des Ungea dem Mareb zu gehen. Eine niedere Kette, welche wir dann mittelst des Damitjel-Passes übersteigen, und auf deren linken oder nördlichen Verlängerung die Michaels-Kirche liegt, führt uns in den District von Antidjo. Hier war es, wo Dr. Schimper zur Zeit, als Ubie König von Tigre war, als Gouverneur die Provinz regierte, und einer meiner Burschen aus einem der Dörfer dieser Provinz gebürtig, erzählte mir, dass damals Weinbau, Feigenzucht und viel Gemüse dort gezogen wäre. Krieg, Zerstörung und Indolenz der Bewohner haben dies kleine Paradies zu Nichts herabgebracht, aber die Lage ist wunderschön, und gewiss würde Alles dort gedeihen. Bei unserer Anwesenheit in Intidjo, wir lagerten am Dagassoni-Bache, fanden wir blos eine gute Zwiebelzucht, sonst war von Gemüsebau nichts zu sehen.

Als Dr. Schimper bei Theodor's Zuge nach Tigre ihm folgen musste, verlor er seine Provinz, welche vom derzeitigen Herrscher Kassa von Tigre einem Verwandten gegeben wurde. Hoffen wir, dass Schimper, welcher mit kräftigen Empfehlungsbriefen des commandirenden englischen Generals an Kassa, die englische Armee bei Adebaga verliess, um in Adua seinen Wohnsitz aufzuschlagen, bald wieder als

Statthalter in seine ehemalige Provinz zurückkehren möge.

Wir hatten indess keine angenehme Nacht im Intidjo-Thale, schwarze Wolken hatten sich im Südosten um den colossalen Oger-Berg zusammengezogen und zögerten auch nicht sich über uns zu entladen.

Obgleich wir am folgenden Tage nicht so weit zu marschiren hatten, so war der Weg doch ungleich schwieriger und an Reiten fast gar nicht zu denken. Ueber den Urea-Pass führte uns ein mit grossen Steinen bedeckter Weg in das steil abfallende Sseriro-Thal hinab, und dann die Ntabaras-Schlucht westlich lassend fanden wir uns am Rande des weiten Thales, in welchem Debra-Damo, eines der berühmtesten Klöster Abessiniens, liegt.

Die Stelle, wo wir hinabsteigen mussten, bestand aus glatt abgewaschenem Sandstein, der so weiss war, dass man in der Sonne kaum die Augen offen halten konnte, als ob man auf einem Gletscher gewesen wäre. Der Weg aufwärts machte uns aber noch weit mehr zu schaffen; endlich lagerten wir am Fusse der eigentlichen Bergfeste, die so steil nach allen Seiten abfällt, dass man in einem Korbe hinaufgezogen werden muss, wenn man sie besuchen will. Es leben einige Mönche auf diesem Berge, welche ihre Bedürfnisse meist von unten beziehen, indess auch etwas Ackerbau oben treiben, und einiges Vieh halten. Die Mönche sind sehr schwierig, Fremden die Erlaubnis zum Heraufziehen zu ertheilen, und da unsere Zeit so schon fast abgelaufen war, um noch mit der englischen Armee Abessinien verlassen zu können, standen wir von jedem Besuche ab uns Aufgang zu verschaffen.

Da indess vor Nacht noch viel Zeit war, so benutzte Herr Stumm dieselbe um einige Tauben, die sich in zahlloser Menge in den grossen Sycomoren herumtummelten, zu erlegen, eine willkommene Zuthat zu unserer ohnedies schmalen Küche, da im Lande Alles aufgezehrt zu sein schien.

Der letzte Tag war ohne Interesse, wir kamen in NNO.-Richtung bald auf die englische Heerstrasse, so dass wir noch am selben Abend in Gunna-Gunna inmitten des englischen Lagers campiren konnten. Wie immer fanden wir die gastfreundlichste Aufnahme und da die Armee schon seit einigen Tagen in europäischen Genüssen schwelgte, die wir fast fünf Monate lang entbehrt hatten, kann man sich denken, dass wir bei Claret und Ale, Cigarren und sogar mit glänzender Beleuchtung und auf Stühlen sitzend einen vergnügten Abend zubrachten.

Damiette.

Welcher von den vielen Reisenden und Besuchern, die jetzt jedes Jahr sich über Aegypten ergiessen, und das Land des Nils zu einem Modeland, wie die Ufer des Rheins, gemacht haben, denkt daran nach Damiette zu gehen? Fast niemand. Und warum? Weil die Stadt eben ausserhalb der grossen Verkehrsstrassen liegt, welche in Aegypten sowohl wie auch anderwärts seit Einführung der Eisenbahn ganz andere Wege eingeschlagen haben. Während früher die Abendländer in Damiette ans Land stiegen, ist jetzt Alexandria Hauptausschiffungsort geworden, und auch diese Stadt wird dem schnell emporblühenden Port Said weichen, wenn der Kanal fertig sein und die Eisenbahn direct von dort bis Suez führen wird.

Nach einem Aufenthalt von einigen Tagen in Port Said, einer der jüngsten und doch schon bedeutendsten Städte in Aegypten, ein Aufenthalt, der um so angenehmer war, als ich im lukullischen Hause unseres norddeutschen Consuls; des Herrn Bronn, die Strapazen der abessinischen Expedition und die gluthglühende Sonne des rothen Meeres vergessen konnte, machte ich mich auf, Damiette zu besuchen. Von Port Said aus kann man mittelst des mittelländischen Meeres dahin kommen, oder direct durch den See Menzale fahren, welcher vom mittelländischen Meere nur durch eine schmale Landzunge, die manchmal nur einen Kilometer breit ist, öfters auch Durchgänge hat, zum Binnen-See abgetrennt ist.

Eine Art von Dahabie war schnell gemiethet, wenn ich nicht irre für den Preis von 40 Francs, und wenn der Wind günstig blies, so konnte ich hoffen in 12 Stunden von Port Said aus das Täamiatis zu erreichen. Da aber manchmal widriger Wind eintritt, und so die Fahrt um das doppelte und dreifache verzögert, so versorgte mich Herr Consul Bronn noch reichlich aus seiner Küche und seinem Keller. Da gab es Büchsen mit eingemachten Fleischen, Fischen, Ragouts, Gemüsen, Früchten, die nie fehlenden Sardinenschachteln, endlich Orangen, Malaga-Trauben, Mandeln und Käse; von Weinen, welche bekanntlich das grosse Haus Bazaine aus Marseille nach dem Canal liefert, hatte Herr Bronn Claret und Sparkling Hock eingepackt, und damit nichts fehlte, lagen oben auf dem Korbe, welcher ausserdem ein completes Reisenecessaire enthielt, zwei frische Brode; ein grosser Krug Süsswasser completirte das Ganze. In der That, es war Essen und Trinken genug für 10 Mann auf zwei Tage.

Das Consulatsboot, eine schlanke Gig, fuhr im Consulat vor, ein kleiner Dock direct vom Canal aus mündet zum Güterausladen in den grossen Hof des Consulates selbst ein. Die norddeutsche Flagge wurde gehisst und mit einer steifen Nordwestbriese ging es canalaufwärts, wo etwa eine halbe Stunde entfernt die Schiffe lagen, welche nach Damiette clarirt waren. Alles war rasch an Bord des ägyptischen Schiffes gebracht, und nach einem herzlichen Lebewohl wurde ich hineingetragen, das Wasser war nämlich so seicht, dass das plumpe Araberschiff nicht dicht an den Damm des Canals, der den Menzale-See durchschneidet, heran kommen konnte. Dasselbe hatte blos zwei Mann Besatzung, war etwa 20 Fuss lang auf 8 Fuss Breite, ganz flach und ging vielleicht 1-1/2 Fuss tief, nach hinten befand sich eine Art von Cajüte, worin die Mannschaft des Schiffes ihre Vorräthe hatte. Grosse Segel hingen nach allen Seiten von einem schwindelhohen Mastbaum herab, so dass man staunte, dass das Schiff davon nicht kopfschwer wurde, freilich war es sehr breit. Die Mannschaft bestand, wie gesagt, aus dem Reis oder Capitän, welcher zugleich die Person eines Ober- und Untersteuermanns in sich vereinigte, und aus einem Behari oder Matrosen, der alle andern Persönlichkeiten bis zum Schiffsjungen, den die Araber Mudju nennen, repräsentirte. Vom Consul selbst hergeführt, kann man sich denken, dass ich von der gesammten Mannschaft mit gehörigem Respect aufgenommen wurde, denn im Orient gilt ein Consul mehr als ein Bascha, theils weil er nicht nur Strafen verhängen kann wie jener, sondern auch manchmal wirksamer Schutz gegen die Willkür der mohammedanischen Behörden selbst den Arabern angedeihen lässt.

Es war halb 8 Uhr als wir vom Ufer stiessen, im wahren Sinne des Wortes, denn der Wind war gerade conträr, wenn auch nicht heftig, und da die Mannschaft wahrscheinlich die Kunst des Lavirens nicht kannte, das ganze Fahrzeug auch zu ungeschickt dazu war, so konnte sie dasselbe nur mit langen Stangen langsam weiter stossen. Glücklicherweise hatte ich Lectüre bei mir, denn so viel merkte ich gleich, dass wir jedenfalls nicht in einem Tag hinkommen würden. Man richtete es sich indess so bequem wie möglich ein, mit mir war blos noch der kleine Neger Noël, also zu viert waren wir im ganzen. Gegen Mittag wurde der Wind nördlicher, und nun fingen sie doch an ihn selbst aufzufangen und zu benutzen, aber langsam ging es trotzdem.

Und dann wurde manchmal angehalten, wir fanden uns in einer jener Fischerflotillen, und da musste Es ssalamu alikum ausgetauscht werden, wobei dann gewöhnlich ein paar Fische zum Geschenk abfielen. Kein See ist vielleicht so fischhaltig wie der Menzale, fast durchweg nur 2 Fuss tief (wesshalb ich auch nicht für nöthig hielt, wie bei andern Seereisen sonst immer, einen Schwimmgürtel umzubinden) hat er ausgezeichnete Brütestellen für die Fische. Auch mehren sich diese in dem ewig lauwarmen Wasser derart, dass uns mehreremal einige ins Boot sprangen. Der Hauptfisch im Menzale ist nämlich ein gewisser von den Aegyptern Snamura genannter, welcher immer in grossen Sätzen aus dem Wasser herausspringt, und dessen Rogen getrocknet einen Haupthandelsartikel nach Kleinasien und der europäischen Türkei bildet. Der Snamura-Rogen wird von einem türkischen Effendi ebenso hoch geschätzt wie von unseren Feinschmeckern der Caviar. Ueberhaupt zieht der Pascha, Namens Henang Bey, welcher das Privilegium des Fischfanges auf dem Menzale-See geniesst, einen ungeheuren Vortheil daraus, denn Tausende von Centnern trockener Fische werden von hier aus in den ganzen Orient geschickt. Mehr als hunderte von Fischerbooten sind alle Tage mit dem Fischfang beschäftigt, und ein paar tausend Fischer haben hier ihre Arbeit. Um nicht jeden beliebigen fischen zu lassen, hält der Bascha eine eigene kleine Flotille mit Polizisten, welche Tag und Nacht auf der See herum patrouilliren müssen.

Von zahlreichen kleinen flachen Inseln bedeckt, welche kaum einige Fuss aus dem Niveau des Wassers hervorragen, von denen mehrere sogar bewohnt sind, hat der See eine Länge von 10 Meilen auf 3 Meilen Breite.

Abends wurde an solch einer kleinen Insel angelegt, weil die Mannschaft ihre Fische, die sie am Tage zum Geschenk bekommen hatten, backen wollte. Dieses Eiland bestand fast ganz aus kleinen leeren Kalkmuscheln, in der Mitte wuchs indess etwas Grün, und mittelst einiger trockener Sprickeln hatten sie bald ein gutes Feuer, worin sie die Fische, nachdem sie dieselben vorher ausgenommen hatten, hineinwarfen, und so in einigen Minuten auf die primitivste Art brieten. Hernach ging es weiter, und da wir kein Mondlicht hatten, auch keine Kerzen bei uns führten, so legten wir uns zum Schlafe nieder, freilich nicht eben weich, denn das Schiff hatte nichts als die harten Dielen, wenn nicht Schmutz und Staub von 20 Jahren etwas Weiche geschafft hätten. Ob der gelehrsame Reis und der wohlgehorchende Behari eigentlich die ganze Nacht durchgefahren waren, kann ich nicht mit Bestimmtheit sagen; der Reis Abd-Allah behauptete es indess beim Kopfe des Propheten, und so musste man es wohl glauben. Es kam mir indess vor, als die aufgehende Sonne uns weckte, als seien wir gar nicht von der Stelle gekommen. Bis 3 Uhr Nachmittags dauerte es noch ehe wir Damiette erreichten, um 9 Uhr Morgens hatten wir indess aus einem dichten Palmenwalde die hohen feinen Minarets, welche die Araber Smah[21] nennen, herausragen gesehen.

Wenn auch vor Damiette waren wir doch nicht in der Stadt, ein schmaler Kanal führte vom Menzale-See zum Damm, der die fruchtbaren Niederungen des Nils abtrennt, und hinter ihnen liegt erst Damiette selbst am Nil. Unglücklicherweise hatte der Nordwestwind alles Wasser weggetrieben, so dass unser plumpes Schiff das Ufer nicht erreichen konnte, nichts blieb übrig als entweder den zwei Fuss tiefen Schlamm zu durchwaten oder bis am Abend im Schiffe zu bleiben, wo nach Aussage der Leute das Wasser höher werden würde. Aber ich zog doch lieber vor einen Kilometer im Schlamm zu stelzen, als angesichts der Stadt länger im Schiffe zu bleiben; nur rasch meine Kleider abwerfend, sprang ich hinaus und arbeitete mich glücklich an den Damm. Freilich war dies, da man bei jedem Schritt bis über die Knie einsank und förmlich festklebte, keine leichte Arbeit, aber nach einer Stunde hatten wir festen Fuss und konnten uns in den Wellen des Nils den Menzale-Schlamm abwaschen. Die Koffer wurden gegen ein hohes Bakschisch von der Mannschaft des Schiffes an das Land getragen, dann gleich auf einen Esel gelegt, und fort ging es zur Stadt.

Man hat die Wahl in Damiette zwischen zwei Hotels, wovon das eine ziemlich mitten in der Stadt liegt und von einem Griechen gehalten ist. Das andere, mehr eine Art Pension, liegt ausserhalb der Stadt nördlich und gehört Herrn Guérin, der, wie der Name andeutet, Franzose ist. Man kann sich wohl denken, dass ich letzteres als Absteigequartier vorzog, zumal ich einen Empfehlungsbrief für den Besitzer mitbrachte. Reizend in einem Palmengarten gelegen, zwischen denen Oliven, Orangen und europäische Fruchtbäume herrlich gedeihen, von den üppigsten Gemüseculturen fast aller Zonen umgeben, die Wege von Jasmin und Rosen besäumt, kann man sich keinen angenehmeren Aufenthalt denken als dieses ländliche Hotel, Reinliche Zimmer, freundliche Wirthe und, was erstaunenswerth ist in Aegypten, billige Preise, ist dies Hotel in Damiette so zu sagen eine Ausnahme. Zwei Familien, je aus Mann und Frau bestehend, wirtschafteten hier gemeinsam und lebten in vollkommenster Harmonie, ja das Merkwürdige dabei war noch, dass der Hauptinhaber Herr Guérin Jude ist, seine Frau eine Christin, während das andere Ehepaar ein umgekehrtes Verhältniss zeigt. Da nach Damiette sehr wenig Fremde kommen, so existirt natürlich keine Table d'Hôte, und man isst, wenn man nicht ausdrücklich es verlangt, mit der Familie à la française.

Obgleich sehr wenig Europäer in Damiette wohnen, hat die Stadt ein aussergewöhnlich reinliches Aeussere, die Strassen sind verhältnissmässig breit, viel reiner als die in Cairo und Alexandria, und die Hauptstrasse, welche die Stadt der Länge nach durchschneidet, mit ihren Buden und Gewölben an beiden Seiten, ist orientalisch schön. Die Stadt kann gegenwärtig 45 bis 50,000 Einwohner zählen, war aber früher bedeutend grösser.

In alten Zeiten galt Damiette als der Schlüssel Aegyptens und lag dann unmittelbar am mittelländischen Meere, während es heute durch die Ausschwemmungen des Nils, der fortwährend nach Norden Erdreich ansetzt, 12-15 Kilometer davon entfernt ist. Damiette liegt auf dem rechten Ufer des östlichen Nilarmes, auf einer Landzunge, welche den Nil vom Menzale-See trennt, es wird zur Provinz Mennfieh gerechnet. Eine ganze Tragödie spielte sich hier zur Zeit der Kreuzzüge ab, als der heilige Ludwig in der Nähe der Stadt geschlagen und gefangen genommen wurde. Aber schon vor ihm hatte man die Wichtigkeit Damiette's erkannt, und die Franzosen debarkirten zuerst im Jahre 1218, dann eroberten am 5. November 1219 Graf Wilhelm von Holland und Johann von Brienne, König von Jerusalem, die Stadt, mussten aber bei der Regierung des Sultans Mel-ed-Din sie wieder räumen, und Friedrich der II., der ein Hülfsheer im Jahre 1221 sandte, konnte nur noch Zeuge vom Abzüge des christlichen Heeres sein.

Im Jahre 1249 landete dann Ludwig der Heilige, eroberte die Stadt nach zwei Tagen, schleifte sie und liess durch Versenkungen den Hafen schliessen. Aber obgleich Ludwig noch zwei Schlachten gegen die Mohammedaner gewann, erlitt er eine empfindliche Niederlage vom Sultan Moadem-Turanscha im folgenden Jahre am 8. Februar dicht bei der Stadt Mansura. Ein Vertrag, den er mit diesem Emir abschloss, konnte nicht zur Ausführung kommen, da derselbe gleich darauf von seinen eigenen Mammeluken ermordet wurde. Der Bruder Ludwigs, der Graf von Artois, war ebenfalls unglücklich in seinen Unternehmungen, und am 5. April 1250 gerieth Ludwig der Heilige bei Mansura mit seinen Brüdern Alphons und Karl in Gefangenschaft, und konnte nur dadurch seine Befreiung erlangen, dass er Damiette, welches mittlerweile etwas weiter südlich wieder aufgebaut worden war, abtrat und noch 100,000 Mark Silber zahlte.

Im Jahre 1798 wurde Damiette dann unter Kleber von den

Franzosen erobert und den Türken eine empfindliche Niederlage beigebracht, Sidney Smith entriss es aber den Franzosen wieder und gab es den Türken zurück, welche es bis zum 26. Juli 1803 behielten. An diesem Tage schlug Mehemmed-Ali im Verein mit Bardissi unter den Mauern Damiette's die Türken, welche von Kursuf commandirt waren, und weihte damit die Unabhängigkeit Aegyptens der Pforte gegenüber ein.

Heutzutage ist Damiette[22] eine friedliche Stadt, und nirgends in ganz Aegypten sind die Einwohner so vorurtheilsfrei und zuvorkommend. Die Hauptbevölkerung besteht natürlich aus Mohammedanern, welche wie die christlichen Kopten die Urbevölkerung ausmachen; Levantiner, meist griechischen Glaubens, bilden dann zunächst das Hauptcontingent, und von eingewanderten Europäern bilden die Mehrzahl die Griechen, auch einige wenige Italiener und Franzosen giebt es, Engländer und Deutsche sind augenblicklich nicht da. Man glaube aber deshalb nicht, dass wir keinen Consul hätten, die schwarzweissrothe Flagge weht auf der ganzen Erde, und wo der Deutsche heutzutage hinkommt, überall giebt sie ihm kräftigen Schutz.

"Ich muss Herrn Surur", so heisst unser Consul, der nebenbei gesagt der reichste Mann der Stadt und ein eingewanderter Levantiner ist, "doch einen Besuch machen", dachte ich, und that es. Er wohnt am ganz entgegengesetzten Ende in einer prachtvollen Villa ausserhalb der Stadt. Zu meinem Bedauern fand ich den Consul verreist um eines seiner vielen Güter zu inspiciren, welche er rechts und links am untern Nil liegen hat. Aber den letzten Tag Abends kam der Kanzler des Consulats und bat mich doch noch den folgenden Tag zu bleiben, Herr Surur wünsche mich auch gern mit dem spanischen und englischen Consul bekannt zu machen. "Das ist er ja selbst", erwiederte ich, wissend, dass Herr Surur auch zugleich England und Spanien vertritt. "Das ist ganz recht", erwiederte der Kanzler, "aber da er Ihnen in preussischer Uniform einen Gegenbesuch machen wird, würde er Sie hernach sehr gern auch noch in englischer und spanischer Uniform empfangen, er hat auch für jedes Land besondere Empfangzimmer." Mir kam die Sache so sonderbar komisch vor, dass ich fast Lust hatte meine Reisedispositionen umzuändern, um diesen Sonderling, welcher schon seit 1812 jene drei Länder in Damiette repräsentirt, kennen zu lernen; aber ich dachte, dann kommen noch spanische und englische Gegenbesuche, die norddeutsche, englische und spanische Diners zur Folge haben werden, und so ist's besser gleich abzubrechen. Folglich erklärte ich dem Herrn Kanzler: ich könne meine Reiseplane nicht mehr umändern, und bat ihn, mich dem guten Andenken des Herrn Consuls zu empfehlen.

Herr Guérin, mein Wirth, erzählte mir nun noch folgendes, was mir nachher von vielen Seiten bestätigt wurde: trotzdem überlasse ich die Verantwortung dieser Erzählung den europäischen Bewohnern Damiette's; sie hat Aehnlichkeit mit der von Bismarck, wenn er in seiner Eigenschaft als Bundeskanzler, Ministerpräsident, Minister der auswärtigen Angelegenheiten, Präsident von Lauenburg etc. etc. mit sich selbst correspondirt. "Herr Surur ist der älteste Consul auf der ganzen Erde, sehr geizig, aber wenn es darauf ankommt seine respectiven Souveräne zu repräsentiren, dann geht es bei ihm im Hause so hoch her wie nur irgendwo. Nur von England bezahlt, hat er für dieses die grösste Vorliebe, obgleich er alle Abend für die Königin Isabella dreimal zu Gott betet, während Wilhelm und Victoria nur einmal in seinem Gebete genannt werden, denn Herr Surur ist eifriger Katholik und muss deshalb doch der katholischen Fürstin einen kleinen Vorzug geben. Officiell empfängt er dreimal des Jahres, an welchen Tagen dann auch grosse Gala-Diners bei ihm stattfinden. An einem solchen Tage macht er sich aber zuerst selbst die förmlichsten Besuche; wenn z. B. der Königin Victoria Geburtstag ist, wirft er sich in preussische Consulatsuniform und stattet dem englischen Empfangssalon, wo inmitten auf einem Divan die grossbrittanische Consulatsuniform prangt, einen Besuch ab, sodann eine steife Referenz machend, puppt er sich in einen spanischen Consul um und wiederholt die Visite. Aber damit nicht zufrieden, macht er Nachmittags als englischer Consul seinen beiden Collegen Gegenbesuch, das heisst, er betritt feierlichst in grande tenue anglaise den norddeutschen und spanischen Salon.

Sein stärkstes Stück soll indess das Danksagungsschreiben gewesen sein, welches er an König Wilhelm für Ernennung zum norddeutschen Bundesconsul geschickt hat, und was in so schwülstigen Formen abgefasst war, dass das Generalconsulat in Alexandria, wie man sagt, es nicht hat passiren lassen. "Schade", erwiederte ich, "unser König ist dadurch um einen heitern Augenblick gekommen. Und wissen Sie denn auch, was er von Bismarck denkt?" "O ja; er hat gleich erklärt, da Bismarck nur auf die Vergrösserung Deutschlands sänne, er auch täglich ein Extragebet halte für Vergrösserung Deutschlands, denn als norddeutscher Consul müsse er officiell mit den Wünschen des Ministeriums des Auswärtigen übereinstimmen".

Doch es würde zu weit führen, hier alle Anekdoten und Sonderbarkeiten, die man sich nicht nur in Damiette, sondern in ganz Aegypten über Consul Surur erzählt, wiederzugeben. Nur so viel noch, dass man andererseits auch sagt, dass er vollkommen energisch ist, und vorkommenden Falles den Türken schon oft gezeigt hat, dass man keinen seiner Schützlinge ungestraft beleidigen darf. Sein Sohn ist amerikanischer Consul, und ein Schwiegersohn vertritt andere Länder, so dass fast die ganze Welt von dieser Familie repräsentirt wird.

Es gibt in Damiette eine grosse Anzahl von Moscheen, mehr als 20 hohe Minarets zählte ich, die meisten Djemma,[23] so nennen die Araber ihre Bethäuser, sind aber ohne Minarets. Eine von ihnen ist sehr berühmt und noch heutzutage ein besuchter Wallfahrtsort; es geschehen dort Wunder. Gegen ein hohes Bakschisch (Trinkgeld) konnte ich Einlass bekommen, nachdem meine Stiefeln vorher mit ein paar Strohschuhen waren umhüllt worden, damit mein ungläubiger Fuss nicht die heiligen Räume beflecke. Die Moschee ist gross und ehemals eine christliche Kirche gewesen, vielleicht in noch älterer Zeit ein römischer oder griechischer Tempel, denn die Säulen sind zusammengesucht, von der verschiedensten Ordnung und von verschiedenstem Gestein. Hier sieht man eine korinthische, kannelirte aus Sandstein, dort dorische aus Marmor, auch Granitarbeiten fehlen nicht. Das wunderbarste ist aber eine Säule, welche von Blut ganz roth angelaufen ist; diese Säule, die von Mekka gekommen sein soll, wird von sterilen Frauenzimmern so lange geleckt mit der Zunge bis aus dieser Blut tritt, und dann soll dies Schwangerschaft hervorrufen (wahrscheinlich haben die mohammedanischen Pfaffen oder Thalba (pl. von Thaleb) aber noch andere Mittel zu Gebote, denn wenn die Frauen sich die Zunge wundgeleckt haben, müssen sie zu einem Thaleb ins Zimmer treten, und erhalten dort Mittel zur Heilung der Zunge.) Ich fand zwei junge Frauenzimmer mit dem widerlichen Acte der Säulenleckung beschäftigt, die, wie gesagt, ganz roth war, und unverschleiert, erhoben sie ein entsetzliches Geschrei, als die Blicke eines Ungläubigen sie trafen. Der mich herumführende Thaleb beruhigte sie indess, indem er ihnen etwas zuflüsterte, wahrscheinlich theilte er ihnen mit durch andere Mittel die Macht des bösen Auges von ihnen abwenden zu wollen.

Aber noch zwei andere merkwürdigere Säulen zeigte man mir, reiche dicht neben einander stehen und direct vom Himmel gekommen sein sollen. Diese haben die wunderthätige Kraft, dass sie schwangere Frauen, die nicht niederkommen können, entbinden machen; zu dem Ende müssen sich die Frauen zwischen beiden hindurchquetschen, und nachdem ich den geringen Abstand der beiden Säulen von einander sah, konnte ich mir recht gut denken, dass, wenn die Damen von Damiette hochschwanger den Pass passirt haben, sie sicher weiter keinen Geburtshelfer nöthig haben würden.

Für die Christen in Damiette giebt es ausser den koptischen Kirchen eine katholische Kirche, welche von Vätern des heiligen Grabes bedient wird, dann eine griechische, der ein Erzbischof, ein Diaconus und vier Priester vorstehen. Den schönsten Blick auf die Stadt hat man von Süden, nahe vom Gebäude der Compagnie des Canals von Suez aus. Dieses Gebäude, welches die Compagnie, man weiss nicht weshalb, hier hat bauen lassen, steht jetzt ganz leer, einige Räume ausgenommen, die vermiethet sind. Vom Nil aus kann man auch die ganze Stadt in einem Halbkreis vor sich liegen sehen, und von Westen betrachtet, gleicht sie eher einer italienischen als einer ägyptischen Stadt. Hohe mehrstöckige Häuser, mit Fenstern und Balcons, alle den reichen Damietter Kaufleuten zugehörend, unmittelbar an's Wasser stossend, deuten nichts weniger an, als dass hier die Harem der Reichen münden. Und doch ist es so, die Jalousien sind so eingerichtet, dass die Frauen und jungen Mädchen das rege Treiben auf dem Nil sehen können, ohne gesehen zu werden. Besonders schön ist das Gebäude des persischen Consuls, den die Damietter Consul el Agam (مجعل heissen sie Persien) nennen.

Auf der andern linken Seite des Nils sind ausser Kasernen keine Gebäude, mehrere grosse, halbverfallene Moscheen deuten aber an, dass früher hier die Stadt sich auch ausdehnte. Von vollkommener Ebene umgeben und im fruchtbaren Nil-Alluvium liegend, bringt die Gegend hauptsächlich Reis hervor, der an Vorzüglichkeit jedem der Erde gleich steht; es wird damit, sowie mit getrockneten Fischen, vom Menzale-See nach der Türkei und Syrien ein grosser Export getrieben. Renommirt sind auch noch die Datteln, welche für die besten in ganz Unterägypten gehalten werden. In neuerer Zeit endlich hat sich Frucht- und Gemüsebau sehr entwickelt, da Port Said gänzlich mit diesen beiden Artikeln von Damiette versorgt wird. Bei Hochwasser können Briggs bis 400 Tonnen vom Meer bis zur Stadt gelangen, bei niedrigem Wasser nur kleinere Schiffe. Eine regelmässige Dampfschifflinie verbindet Damiette mit Mansura, welche Stadt etwa 80 Meilen nilaufwärts liegt.

Nach einem viertägigen Aufenthalt miethete ich ein Schiff, da die regelmässigen Dampfer gerade nicht liefen, und fuhr mit gutem Nordwind nach Mansura, welches wir in 18 Stunden, immer rechts und links die lachenden Ufer des Nils geniessend, erreichten. Leider erlaubte der Fanatismus der dortigen Bewohner nicht die Moschee zu betreten, in welcher das Gefängniss des heiligen Ludwig gezeigt wird, und so nahm ich, ohne mich in der Stadt aufzuhalten, die Bahn, und fuhr mit dem ersten Zuge nach der Kalifenstadt zurück.

Malta.

Es kann oft vorkommen, dass ein Reisender, welcher von Europa sich nach Tripolitanien oder Tunisien begiebt oder umgekehrt, dazu genöthigt wird, tagelang, welches oft zu Wochen anwächst, auf diesem Felsen mitten im Mittelmeere zuzubringen: und selbst in diese Lage gebracht, berichten wir nun wie am besten und nützlichsten und zugleich auch am interessantesten die Zeit hinzubringen sei. Durch die Kenntniss der arabischen Sprache konnte ich mich mit den Maltesern selbst in Verbindung setzen und so nach und nach herauslocken, was auf den Inseln am sehenswerthesten ist. Freilich waren sie oft darüber so erstaunt mich fe'l maltese sprechen zu hören, dass sie sich gerade so anstellten, wie die Beduinen einem Europäer gegenüber, welcher sie plötzlich in ihrer Sprache anredet, d.h. sie trauten ihren Ohren nicht, wollten nicht glauben, dass es ihre Sprache sei, bis wiederholte Fragen ihnen endlich die Laute ohrgerecht machten.

Indem ich im Allgemeinen hier anführe, dass die Inselgruppe, die wir schlechtweg Malta zusammen nennen, aus der grössten Malta, der mittleren kleinsten Comino und der zweiten Gozzo, dann einigen Felsen als Cominetto und Filfela besteht, halte ich es für überflüssig, über Lage, Grösse und Einwohnerzahl mich auslassen zu müssen, was in jedem Handbuche der Geographie nachgesehen werden kann.

Kein Land der Welt hat wohl so oft seinen Besitzer geändert, wie Malta, welches von Homer unter dem Namen von Hyperien, endlich mit der Herrschaft der Phönizier

Ogygien, dann endlich von Griechen, die später sich der Insel bemächtigten, Melita genannt wurde, aus dem der jetzige Name Malta entstanden ist. Die kolossalen Bauüberreste, die an mehreren Orten auf der Insel gefunden werden, deuten darauf hin, dass Malta von Völkern bewohnt wurde, welche die Griechen mit dem Namen Pelasger bezeichneten, nach ihnen finden wir Spuren der phönizischen Herrschaft. Im Jahre 736 v. Chr. bemächtigten sich die Griechen der Inseln, welche dann 528 v. Chr. in die Hände der Carthager fielen. Im Jahre 242 v. Chr. mussten die Carthaginienser, wie alle anderen Inseln so auch Malta an Rom abtreten, welches sich bis 454 hier behauptete, worauf dann die Vandalen und Gothen und im Jahre 533 Belisar sich Malta's bemächtigte. Nach dem lateinischen Kaiserreiche zankten sich Araber, dann wieder Griechen, und wieder Araber um die Herrschaft, bis 1090 Graf Roger mit den Normannen die Inseln nahm, welche dann 1186 durch die Heirath Kaiser Heinrichs des VI. mit Constantia, der letzten Entsprossenen von Roger dem deutschen Reiche einverleibt wurden um nach 72 Jahren in die Hände von Frankreich zu fallen. Zwei Jahre nach der sicilianischen Vesper kamen dann die Inseln unter spanische Herrschaft und unter Carl dem V. wurden sie für ewig den von Rhodus vertriebenen Rittern von Johannes dem Täufer im Jahre 1530 geschenkt. Erst unter Hompesch dem letzten und 69sten Grossmeister dieses Ordens kam Malta wieder in die Macht der Franzosen, um 1802 in die der Engländer zu fallen, unter deren Oberhoheit die Inseln heute noch stehen.

Es ist wohl nicht nöthig anzuführen, dass die Grossmeisterschaft Paul des I. von Russland nur eine Comödie war, dass die eigentliche Ordenseinrichtung mit der Capitulation von Hompesch erlosch. Aber noch heute hört man oft von Reclamationen ehemaliger Ritter, um Rückgabe der Güter, welche das englische Gouvernement jetzt im Besitze hat, die indess rechtmässig Eigenthum der Ritter sind.

Fast alle Reisende werden Zeit genug haben Lavalletta die Hauptstadt von Malta zu besehen, selbst wenn sie nur einen Tag dort verweilen sollten. Ich beschränke mich daher darauf nur die Merkwürdigkeiten derselben aufzuzählen. Von dem bedeutendsten Grossmeister, der je regierte, im Jahre 1566 gegründet und nach ihm genannt, liegt die Stadt auf einer Halbinsel so günstig, dass auf beiden Seiten die prächtigsten und sichersten Häfen, von den Engländern schlechtweg "Doks" genannt, sich befinden.

Das Fort St. Elmo, welches Lavalette so tapfer 1515 gegen die türkische Armee des Sultan Selim vertheidigte, das Palais des ehemaligen Grossmeisters, jetzt Wohnung des Gouverneurs mit einer reichen Sammlung von Rüstungen und Waffen, die inwendig überaus reiche Kirche von St. Giovanni, die Bibliothek mit einigen Antiken aus der Zeit der Phönizier und Carthager, endlich das neue Opernhaus, sind die hauptsächlichsten Monumente, die Lavalletta zieren. Dazu kommen noch mehrere grossartige Gebäude, sogenannte Aubergen der früheren Ritter, welche nämlich in acht Sprachen getheilt waren, deren jede Corporation ihre eigene Wohnung hatte. Drei dieser Corporationen kamen auf Frankreich, die der Provence, die der Auvergne und die des eigentlichen Frankreich, eine auf Italien, eine auf England-Baiern, eine auf Deutschland und zwei auf Spanien, d.h. auf Aragonien und Castilien. Die Auberge der Castilianer-Ritter zeichnet sich vor allen durch Grossartigkeit und Pracht aus. Ein hübscher Spaziergang nach der Vorstadt Floriana hinaus, das ist alles, was der Fremde als sehenswerth in Lavalletta ausserdem mitnehmen kann.

So wechselvoll sich nun uns die Herren von Malta präsentiren, so stabil scheint das Leben in Lavalletta seit

Zeiten geblieben zu sein; der Malteser, wenn auch nicht Abkömmling der Araber, hat doch unter der Herrschaft dieses Volkes, und namentlich früher unter der Ritterschaft durch die vielen "Caravanen" (so der officielle Ausdruck in den Akten der Ritter für Piraterie gegen mohammedanische Schiffe) in Sprache fast alles, in Sitten und Gebräuchen sehr viel von den Abkömmlingen Ismael's angenommen. Das Haus eines Maltesers ist fast jedem Fremden verschlossen, und wenn auch viel von der Leichtfertigkeit der hübschen Malteserinnen, deren weisser Teint namentlich gelobt wird, die Rede ist, so kann das nur auf das Malteser Geschlecht unter sich selbst Bezug haben: der Fremde wird sehr schwer in eine Malteser Familie Eingang finden. Als eigenthümlich fand ich jetzt die Einrichtung von sogenannten smoking rooms oder Rauchzimmer; ausser den zahllosen Kneipen gab es früher nur zwei anständige Kaffeehäuser, welche aber auch jetzt zu wahren Brandy shops gesunken sind, dafür hat man nun Rauchzimmer erfunden, wo mit Anstand stehend geraucht und Branntwein und Sodawasser getrunken wird. Ausserdem giebt es gute Clubs oder andere Vereinigungsorte, in welche jeder Fremde durch seinen Consul sich einführen lassen kann. Die Hotels, das Imperial-Hotel als erstes, lassen alle viel zu wünschen übrig.

Doch verlassen wir die Stadt Valletta und gehen ins Innere, so führt uns der Weg zunächst nach der so ziemlich im Centrum von Malta liegenden ehemaligen Hauptstadt Civita vecchia, auch città notabile genannt. Bei den Arabern hiess sie die "Stadt" medina schlechtweg und vom Malteser-Volk wird sie auch heute noch so genannt. Die Stadt selbst ist heute klein, von nur einigen hundert Einwohnern, aber dicht dabei liegt der grosse Ort Rabatto.

An Merkwürdigkeiten hat man dicht bei der Stadt einen alten Kirchhof, in dem Mumien gefunden worden sind, ganz nach Art der Aegypter, einige gute Exemplare davon sind auf der Bibliothek. Viel merkwürdiger ist indess die grosse Ausdehnung der Todtenstadt oder Catakomben; frühere Todtenbehausungen. dienten sie den ersten Christen als Wohnungen. Für die Malteser ist das grösste Heiligthum die Grotte von St. Paul, auch in der Nähe von città vecchia. Im Grunde derselben wird ein Altar gezeigt, wo Paulus die Messe gelesen haben soll; auch befindet sich daselbst eine gute Statue dieses Apostels von Melchior Caffa. Die Felswand der Grotte ist ein Febrifugum, nach Aussage der Eingebornen, wenn pulverisirt genossen.

Ich brauche wohl kaum zu sagen, wie ungegründet der Glaube (wenn man bei Glauben überhaupt von Gründen reden darf) der Malteser ist, St. Paul in Malta scheitern zu lassen.

Es ist nicht daran zu zweifeln, dass als Paulus von Caesarea nach Rom fuhr an eine Insel Namens Mileta geworfen wurde, aber eine Insel gleichen Namens existirte auch im adriatischen Meere. Von der Nordküste Creta's, wo man gelandet war, abfahrend, überfiel das Schiff ein heftiger Sturm, aber es heisst ausdrücklich im *adriatischen Meere*. Dann giebt es keine Sandbänke um Malta, wo die Paulus führenden Seeleute hätten Blei senken können, um Malta fällt das Meer überall steil ab zu einer Tiefe, die weder für damalige Senkbleie erreichbar war, noch weniger ein Stranden erlaubt; ausserdem ist der Ort, wo St. Paul gestrandet sein soll, d.h. in der Paul's Bucht, der allerunwahrscheinlichste, denn von Creta kommend hätte er an die Ostseite der Insel geworfen werden müssen. Es liessen sich noch andere Gründe anführen, was jedoch nur ermüdend sein würde, und warum auch, respectiren wir im Gegentheil die Pietät der Malteser für den grossen Heidenapostel.

Auf dem Wege nach città vecchia hat man noch das hübsche

Landhaus des Gouverneurs zu besuchen, welches mit seinen dunklen Cypressen und duftenden Orangen einen wohlthuenden Eindruck auf das von dem ewigen Einerlei ermattete Auge macht. Denn, wenn auch Malta nicht ohne Cultur, vielmehr jedes Stückchen bebaut ist, so hat man alle Felder mit hohen Steinmauern umgeben, so dass man nichts als Steine erblickt. Bäume giebt es aber fast gar nicht auf den Inseln, namentlich keine Gruppen, nur hie und da einzelne Feigen-, Johannisbrodbäume und Oliven. Und doch wie fleissig ist die Insel bebaut, wie ist jedes Fleckchen benutzt, die Erde, um den Felsen zu bedecken, hat man oft aus Sicilien holen müssen. Aber gerade die Baumlosigkeit der Insel macht alle Mühe und Anstrengung zu Nichte, von heftigen Regen wird der Humus wieder abgeschwemmt, und so bleibt das Land ewig ein halbnackter Felsen. Und auch für den Pflanzenwuchs ist die Baumlosigkeit beeinträchtigend, denn Malta hat im Sommer vollkommen afrikanisches Klima, und auch im Winter sieht man nie Schnee oder Eis. Sagt nicht Duveyrier so trefflich in seinem Buche der Tuareg "die Vorsehung versorgte die Oasen mit Dattelbäumen, nicht nur um aus den Dattelbäumen allein Nutzen zu ziehen, sondern um im Schatten derselben Korn bauen zu können", er "nennt die Palmwälder" die "Treibhäuser der heissen Gegenden", und das ist auch vollkommen wahr. Aber der Malteser hängt so fest an seinen Gewohnheiten, dass er lieber fortfährt Erde aus Sicilien zu holen, als Bäume zu pflanzen, ja er hat sich noch nicht einmal von dem Pfluge losmachen können, den Abraham bei den Arabern einführte, und die Araber vielleicht mit nach Malta brachten. Giebt es noch sonst auf der Erde ein christliches Volk, das mit Abrahams Pflug den Boden bestellt, wie die Semiten? Doch ich muss um Verzeihung bitten, während ich dies schreibe, fällt mir ein, dass ich gerade aus dem christlichen Abessinien gekommen bin, und die Abkömmlinge der Königin von Saba sind auch heute noch nicht weiter.

Wir waren bis civita vecchia zu Fusse gegangen, da wir aber noch am selben Tage weiter bis Melleha wollten, ein Ort, welcher in einer Bucht am Nordwestende der Insel liegt, und wo man glaubt, dass sich die berühmte Calypsogrotte befindet, so nahmen wir in der Stadt einen Wagen. Auch in diesem Locomobile sind die Malteser so stabil geblieben, dass man glauben sollte, sie hätten ihre Wagen nach den alten Circuswagen direct abmodellirt; ohne Federn und nur von zwei Rädern getragen, entbehren die echten hier einheimischen Wagen sogar der Sitze, man legt sich hinein, wie zu Zeiten der Wettkämpfe die Kämpfer und Wagenlenker darin gestanden haben mochten. Freilich sind die Fiaker von Lavalette insofern bequemer, als sie Sitze haben, im Uebrigen aber auch ganz die Form der Wagen unserer klassischen Vorfahren beibehalten haben. Hier auf dem Lande war nur ein recht alter Wagen aufzutreiben, und uns hineinlegend fuhren wir ab.

Auf dem Wege nach der Calypsogrotte passirt man die nicht minder interessanten Gräber von Ben-Djemma (Bengemma). Es steht wohl unzweifelhaft fest, dass es keine Wohnungen von Lebendigen waren, sondern Todtengräber, an mehreren anderen Stellen der Inseln findet man ähnliche, wenn auch nicht in so grosser Zahl. Als wir übrigens in Melleha ankamen, war es stockfinstere Nacht geworden, und wir waren froh, sogleich ein Unterkommen zu finden. Es ist auffallend genug, dass obgleich in der Hauptstadt Lavaletta die Gasthöfe nur mittelmässig nach unseren Begriffen sind, man in den kleinsten Orten äusserst gute Aubergen antrifft. So auch hier. Reinliche Zimmer und Betten, einige Eier, ein Kaninchen, eine Flasche Marsalawein, was wollte man mehr. Dazu die freundlichste Aufnahme. Man muss überhaupt ins Land selbst hineingehen um den Malteser kennen zu lernen. Wie schlecht urtheilt man über ihn, wenn man ihn nur in

Aegypten, Tripolitanien, Tunisien und Algerien gesehen hat! Wie oft habe ich selbst davon zurückgestanden, mich mit einem Malteser im Auslande einzulassen, und erzählen einem nicht alle englischen Consuln, dass gerade ihre maltesischen Unterthanen ihnen am Meisten zu thun machen! Das ist auch in der That der Fall. Und die Malteser haben wohl recht, wenn sie dies so erklären: die Guten bleiben in ihrem Vaterlande, die Schlechten wandern aus.

Die Bewohner von Lavaletta machen indess eine Ausnahme, der Fremde muss sich sehr in Acht nehmen, nicht von ihnen übervortheilt zu werden, für alles verlangen sie mindestens den dreifachen Werth. Auch sonst sind sie bei den Engländern in Verruf: Sehr begünstigt, da sie frei von allen Abgaben sind, überdies alle Privilegien eines Freihafens geniessen, kann kein Gouverneur es ihnen Recht machen, und die Blätter von Lavaletta lassen es sich angelegen sein, die Regierung in den Augen des Volkes so schlecht wie möglich zu machen.

Am anderen Morgen war das Erste, dass wir zur Grotte der Calypso wanderten, welche dem Orte in einer Kalksteinfelswand gegenüber liegt. Von den Malteser-Inseln behaupten auch die Bewohner Gozzo's die Calypso-Grotte zu besitzen, ausserdem haben verschiedene Gelehrte diesen berühmten Aufenthalt Odysseus' nach anderen Inseln hin verlegen wollen. Die meisten und besten Geographen stimmen aber darin überein, dass Malta der wahre Ort sei, ob man indess diese Grotte gerade die gewesen ist, worin Calypso den vielduldenden Wanderer festhielt, wage ich nicht zu behaupten. Jedenfalls ist es nicht die Grotte, welche auf Gozzo gezeigt wird.

Die Grotten, welche wir vor uns hatten, waren in den Fels gehauene Zimmer von verschiedener Grösse, und es scheint, als ob eine Hauptgrotte vor diesen Zimmern existirt hat, welche indess weggestürzt zu sein scheint. Das Merkwürdigste war, dass mehrere dieser Zimmer noch heute bewohnt sind, wie ich denn später noch an mehreren Orten constatiren konnte, dass in Malta Troglodyten sind, was für unser neunzehntes Jahrhundert in Europa immerhin auffallend genug ist.

Ein heftig ausbrechender Regen nöthigte uns zur Umkehr nach Lavalletta, da derselbe aber nur einen Tag anhielt, konnten wir schon gleich darauf unsere Wanderungen wieder antreten. Es galt eine andere merkwürdige Höhle zu besuchen, die am Südende der Insel liegt und den Namen Erhassan hat. Man gelangt dahin am besten über den kleinen Zorrik. Diese Höhle ist vollkommen Naturwerk, indem die untere Partie wahrscheinlich vom Meere ausgewaschen, weggesunken, der obere Felsboden aber stehen geblieben ist. Der Zugang ist sehr schwer und für Damen wohl kaum erreichbar, auch muss man sich in der Höhle selbst sehr in Acht nehmen, da viele Irrgänge vorkommen. Licht muss man auf alle Fälle mitnehmen, und wer sich weit in die Höhle hinein wagen will, thut wohl, Stricke mitzunehmen, um sich daran zurückleiten zu können. Zimmer, welche an den Seiten eingehauen sind, deuten darauf hin, dass auch diese Grotte bewohnt war.

Dicht bei Zorik ist noch eine andere Einsenkung, welche den Namen Makluba (umgestülpt) führt. Auch dieses sonderbare Loch über 100' tief und an der Basis einen eben so grossen Durchmesser habend, muss durch einen Einsturz hervorgerufen sein, die Wände sind überall senkrecht und das Gestein ist wie immer Kalk.

Geht man von Zorik nach Westen, so kommt man nach einer halben Stunde an den kleinen Ort Krendi und hier befinden sich zwischen Krendi und dem Meere sehr merkwürdige Bauüberreste der Phönizier, Hedjer-Kim oder

Hedjer-Aim[24] von den Maltesern genannt. Kolossale Quadern, welche zu diesen Bauten benutzt sind, bilden diese meist doppelten Rundtempel, die Mauern sind gut erhalten, und selbst noch einige Altäre sieht man. Auf vielen Steinen findet man die äussere Wand mit Sternen bedeckt, andere zeigen Kreise, ammonsartig in sich selbst gedreht. Mehrere Gegenstände, auch eine Inschrift, die man durch Nachgrabungen gefunden hat, befinden sich auf dem kleinen Museum der Bibliothek, jedoch scheinen die Ausgrabungen nur oberflächlich vorgenommen zu sein.

An anderen Sehenswürdigkeiten hat die Insel Malta noch dicht beim Marsa Scirocco (Bucht an der Ostküste) einen Tempel, der den Namen Hercules-Tempel führt, dann das Bosquet, ein Lustgarten der alten Johanniterritter, zwischen Città notabile und dem Meere gelegen, beide diese hatten wir nicht Gelegenheit zu sehen.

Da indess noch immer kein Dampfer nach Tripoli abgehen wollte, so wagten wir es nach Gozzo zu gehen. Ich sage wagen, nicht als ob es gefährlich sei die enge Strasse zu überfahren, sondern weil möglicherweise während unserer Anwesenheit auf Gozzo bei der so wechselvollen Winterzeit Sturm hätte ausbrechen können, und dann vielleicht die Communication abgeschnitten gewesen wäre, wir also den Dampfer hätten vergessen können.

Man fährt von Lavalletta am besten bis Marfa dem äussersten Nordwestpunkte von Malta. Auf dem Wege dahin passirt man Musta, ein kleiner Ort von einigen Hundert Einwohnern, die sich aber eine so prächtige und grossartige Kirche erst vor wenigen Jahren erbaut haben, dass jede Hauptstadt in Europa stolz darauf sein könnte; die grosse Kuppel, das Ganze ist ein Kuppelbau, ist sicher nicht viel kleiner, als die der St. Paulskirche, und ganz aus Steinen aufgewölbt.

In Marfa angekommen, welches 14 engl. Meilen von Lavalletta entfernt ist, fand es sich, dass kein einziges Boot zum Ueberfahren vorhanden war; ein alter dort stationirter Soldat wusste aber bald Rath; er machte ein recht qualmendes Feuer und auf dies Signal hin sahen wir von dem gegenüber liegenden Orte auf Gozzo, Mai-Djiar (Miggiar wie die Engländer schreiben) bald ein Schiffchen absegeln, welches mit günstigem Winde schon nach einer halben Stunde in Marfa war. Zurück nach Mai-Djiar ging es freilich nicht so schnell, da wir Anfangs den Wind nur halb benutzen und bei Comino und Cominetto angekommen, nur noch durch Rudern weiter kommen konnten; indess waren wir auch nach anderthalb Stunden in Gozzo und eine kleine Stunde später im Hauptorte Rabatte, nicht mit dem Rabatto bei der Stadt città vecchia zu verwechseln, im Hotel Calypso einquartirt.

Dies Hotel entsprach ganz den Erinnerungen an den Namen Calypso, für einen so kleinen Ort wie Rabatto war es ein kleiner Zauberort und wir konnten, es war schon Nacht geworden wie wir ankamen, es hier recht gut bis zum andern Morgen aushalten.

Mit Tagesanbruch machten wir uns dann auf den Weg um die grösste Sehenswürdigkeit der Malteser-Inseln, die Riesenthürme zu besuchen. Und in der That, man fand sich keineswegs getäuscht. Aus Riesenquadern aufgeführt, befindet man sieh vor zwei runden Tempeln, fast wie eine Brille jeder gestaltet, doch so, dass je vor der grossen Brille noch je zwei kleinere sich befinden. Die Aehnlichkeit dieser Bauten mit der von Hedj-Kim und Mnaidra ist unverkennbar. Auch hier scheinen die Wandungen inwendig mit Sternen überdeckt gewesen zu sein und mehrere spiralförmige Zeichen sieht man noch heute. Einige Figuren, durch Ausgrabungen gewonnen, befinden sich in Lavalletta, in einer hat man eine Isis erkennen wollen. Didot hat eine genaue Beschreibung des Thurmes der Riesen gegeben.

Wir waren kaum mit der Besichtigung dieser merkwürdigen Denkmäler der Phönizier fertig, als ein Wagen vorfuhr und der Commandant von Gozzo, ein junger englischer Offizier, dem ich Abends zuvor ein Empfehlungsschreiben geschickt hatte, ausstieg um mich abzuholen. Erst jedoch forderte er mich auf die Calypso-Grotte zu besehen, welche auf dem nördlichen Theile von Gozzo sich befindet. Wir gingen auch hin, aber nichts ist unwahrscheinlicher, als dass hier Odysseus sich in den Armen Calypsos befunden haben soll. Das Hereinklettern in diese Höhle durch unzählige davorliegende Felsblöcke lebensgefährlich gemacht, nahm fast eine Viertelstunde in Anspruch, und als wir endlich darin waren, standen wir, obgleich mit Licht versehen, von jedem weiteren Versuche ab in das Labyrinth von halbverschütteten Gängen einzudringen.

Unser Weg führte uns nun zu Wagen rasch nach dem kleinen Fort Chambray, welches die Rhede von Mai-Djaro beherrscht und nachdem wir mit unserm liebenswürdigen Commandanten noch gefrühstückt hatten, setzte uns die Barke diesmal mit günstigem Winde in einer halben Stunde nach Malta über.

Im Hafen von St. Paul fanden wir einen Wagen, so dass wir noch selbigen Tages, wenn auch etwas spät Lavalletta erreichen konnten und gerade an dem Tage konnten wir das seltene Schauspiel gemessen den Aetna in seiner feurigsten Thätigkeit zu sehen: seit 130 Jahren hatten die Malteser ihrer Aussage nach kein solches Schauspiel erlebt.

Die grosse Bodeneinsenkung in Nordafrika.

Schon vieler Orten hat man die Beobachtung gemacht, dass gewisse Strecken Landes niedriger als die Meeresoberfläche gelegen sind. Wer weiss nicht, dass der See Genezareth und das noch tiefere durch den Jordan mit ihm verbundene todte Meer, oder wie die heutigen Umwohner es bezeichnend nennen "behar-el-Loth", tiefer gelegen ist als das nahe Mittelmeer? Die Einsenkung des todten Meeres, welches den bedeutenden Niveauunterschied von über 1200 Fuss zum Mittelländischen Meere hat, fällt fast in geschichtliche Zeit, wie die jüdischen Traditionen berichten. Wenn nun auch die Depression, welche hier beschrieben werden soll, bei weitem nicht so tief unter das Meeresniveau sinkt, wie das oben genannte Jordan-Thal, so ist dieselbe doch wegen ihrer grossen Ausdehnung, einer jetzt bekannten Längenausdehnung von ca. 10 geographischen Graden, von Osten nach Westen gerechnet, dann auch, weil dadurch zum ersten Male die Bodengestaltung eines grossen Landstriches von Nordafrika näher festgestellt wird, wichtig genug, um eine nähere Besprechung zu verdienen.

Falls man den schmalen Küstenstrich durchstechen und das tiefer liegende Land dem Meere zugänglich machen wollte, würde dies eine tief eingreifende Einwirkung auf Boden, Pflanzen und animalisches Leben hervorrufen und es mag daher jetzt, wo bei der nahen Eröffnung des Suezcanals ganz Nordost-Afrika in viel innigere Beziehungen zu Europa treten wird, nicht müssig sein, diese Aegypten so nahen Gegenden näher ins Auge zu fassen.

Was nun zuerst die Lage und Oertlichkeit der Einsenkung anbetrifft, so finden wir dieselbe im Westen beginnend, südlich von der inselartigen Cyrenaica, unfein vom Ufer des Mittelländischen Meeres, welches hier an der Nordküste von Afrika eine weite Bucht bildet, die grosse Syrte genannt. Die erste merkliche Depression wurde beim Bir-Ressam beobachtet, der in gerader Linie vom Mittelländischen Meere nur ca. 15 deutsche Meilen entfernt ist. Hier wurde die bedeutende Tiefe von ca. 104 Meter constatirt, die bedeutendste, welche überhaupt bemerkt worden ist. Diese zeigt sich gleichmässig noch einige Stunden nach SSO. weiter fort. So wurde Nachts und am folgenden Morgen in Gor-n-Nus, welches einen halben Tagemarsch süd-süd-östlich vom Bir-Ressam liegt, gleicher Barometerstand beobachtet. Wenn angeführt worden ist, dass bei Bir-Ressam die Einsenkung im Westen beginne, so ist das natürlich dahin zu verstehen, dass dieselbe dort zuerst beobachtet wurde; es ist sehr gut möglich, sogar wahrscheinlich, dass dieselbe noch weiter nach Westen sich ausdehnt und das ganze Terrain, welches auf den Karten unter dem Namen "Syrien-Wüste" verzeichnet steht, tiefer als das Meer liegt, von dem es blos durch ein schmales Küstengebirge oder durch ausgeworfene Dünen getrennt ist.—Erst das Harudj-Gebirge scheint die eigentliche Grenze, das Ufer des afrikanischen Continents hier zu sein. Die Syrten-Wüste ist nie von einem Europäer durchkreuzt worden, längs der Küste d.h. von Tripolis nach Bengasi zogen nur della Cella, Beechey und Barth.

Mehrere Tagemärsche süd-süd-östlich von Bir-Ressam stösst man auf die ersten Oasen Audjila und Djalo, und immerfort befindet man sich unter dem Spiegel des Meeres; erstere Oase ist ca. 52 Meter, die letztere ca. 31 Meter tiefer als das Mittelmeer gelegen. Einen Tagemarsch weiter von Djalo nach Nordost zu, kommt man nach Uadi (ausgetrocknetes

Rinnsal). Von einem schrecklichen, mehrere Tage anhaltenden Samum überfallen, der zu einem achttägigen Aufenthalte zwang, konnte man hier, während der glühende, widerstandslose Orkan am heftigsten tobte, einen niedrigsten Barometerstand beobachten. Seinen tiefsten Stand erreichte das Aneroid mit 756 M. M. Aus 32 während der acht Tage zu verschiedenen Tageszeiten angestellten Beobachtungen ergab sich, dass Uadi gerade auf gleicher Höhe mit dem Meere sich befinden müsse, denn diese 32 Beobachtungen ergaben im Mittel 762 M. M. Aber wenn man bedenkt, dass über die Hälfte der Beobachtungen während eines widerstandslosen Oceans stattfanden, so wird man zugeben, dass man den durchschnittlichen Barometerstand auch hier mindestens auf 765 M. M. annehmen kann, was eine Tiefe von circa 31 Meter ergeben würde.

Von hier bis zur Oase des Jupiter Ammon sind noch zehn bis zwölf Tagemärsche, wovon die erste Hälfte des Weges jeder Spur von Wasser entbehrt und durch die trostloseste Wüste verläuft, welche überhaupt existirt Die Rhartdünen, dann die Gerdobaebene zeigen dem Dahinziehenden die grössten Feinde der Wüste: gänzlichen Wassermangel und fast immer absolute Trockenheit der Luft. Gleich beim Eintritt der Rhartdünen lässt man etwas links gegen vierzig zu Mumien ausgetrocknete Leichen liegen, welche erst kürzlich in einem heftigem Samum vom Führer irregeleitet und nachher schmachvoll verlassen wurden. Und merkwürdiger Weise hätte dieser selbe Führer, Hammeda aus Audjila, welcher unsere Karavane von Bengasi nach Audjila zu führen hatte, auch uns fast ins Verderben geleitet, indem er uns durch eine Luftspiegelung getäuscht, freilich dicht vor Audjila, vom Wege abführte. Es braucht wohl kaum gesagt zu werden, dass derselbe sofort entlassen wurde. Die Rhartdünen und die Gerdoba dürften eine durchschnittliche Tiefe von 10 Meter haben, doch giebt es Dünen, die relativ bedeutend höher, aber auch eben so viele eigenthümliche, kesselartige Einsenkungen, die 20 oder 30 Meter relativ tiefer als die eben angegebene allgemeine Tiefe sind.

Bei dem Brunnen Tarfaya tritt man dicht aus libysche Wüstenplateau heran, welches im Allgemeinen die geringe Höhe von 100 bis 115 Meter absolut hat. Gleich südlich von diesem Plateau, das mit einem steilen Ufer aus Kalkstein abfällt, zieht sich nun eine Reihe von Seen hin bis zur eigentlichen Oase des Jupiter Ammon. Diese Seen, manchmal weithin von Sebcha (Sand- und Schlickboden, stark mit Salzen untermischt und manchmal so hart an der Oberfläche getrocknet, dass beladene Kameele darüber marschiren können, manchmal aber auch so nachgiebig, dass unvorsichtig sich Hineinwagende rettungslos versinken) eingeschlossen, liegen 40-50 Meter tiefer als der Spiegel des Meeres. Seit Jahrtausenden existirend und südlich meist von Sanddünen begrenzt, welche unmittelbar die Seen böschen, sind ein neuer Beleg, wie wenig man das Versanden des Kanals von Suez zu befürchten haben wird. Wie gering sind überdies die Sandanhäufungen auf dem Isthmus, gegen die gewaltigen Dünen der libyschen Wüste, und seit undenklichen Zeiten wehen sie Sand gegen diese kleinen Seen, ohne bis jetzt im Stande gewesen zu sein, sie gänzlich in Sebcha zu verwandeln. Die hauptsächlichsten Seen, von Westen nach Osten gerechnet, sind: der Faredga oder Sarabub, der Lueschka, der Nocta-Sauya, der Araschieh und Schiatasee.

Schon vor dem Schiatasee hat man mit dem von Palmen reichlich bestandenen Gaigab-Sebcha die Ammonsoase erreicht, vielleicht auch rechneten die Alten Tarfaya dazu. Die weiter östlich liegende Oase mit See Maragi ist schon bewohnt und die Hypogeen in den Felsen zeugen, dass die

Alten ebenfalls hier Niederlassungen hatten.

Wenn man mit Tarfaya die Schrecken der eigentlichen Wüste glücklich überwunden hat, und nun von einem tiefblauen See zum andern dahinzieht, welche von schlanken Palmen umgeben, manchmal auch weithin von silberglänzenden Salzflächen eingeschlossen sind, so wird diese bezaubernde Gegend an Wechsel und Schönheit nur noch von der eigentlichen Oase des Jupiter Ammon übertroffen: Hohe phantastisch gestaltete Felsen, unzugänglich weil von Geistern gehütet, eine lange Silberfläche erstarrten Salzes, dunkel bordirt von ehrwürdigen Palmenbäumen, dann ein langer See auf dem sich Tausende von wilden Enten und Gänsen herumtummeln, endlich die schön cultivirten Gärten der Oase, reich an Oelbäumen, Orangen, Granaten und anderen Obstsorten, und überall gegen die brennende Sonne von den weitästigen Palmenkronen geschützt; rieselnde Bäche von Süsswasser, grosse aus der Tiefe aufsprudelnde Quellen, oft wie der berühmte Sonnenquell noch von künstlichen Quadern umgeben, dazwischen die hochaufsteigenden Städte Siuah und Agermi, welche letztere die alte Acropolis der Ammonier war und noch heute die Reste des grossen Tempels des Jupiter Ammon birgt—das ist in Kürze das Bild dieser berühmtesten aller Oasen.

In Siuah und Agermi ergaben drei und zwanzig zu verschiedenen Tageszeiten angestellte Beobachtungen eine Tiefe von ca. 52 Meter. Noch zehn Tagemärsche weiter, bis zum Brunnen Morharha, wurde die Depression verfolgt, und überall blieb hier eine gleichmässige Tiefe von circa 50 Meter. Vom Brunnen Morharha nördlich gehend, kommt man dann gleich auf das aus Kalkstein bestehende libysche Wüstenplateau, welches auch hier kaum breiter als zwölf deutsche Meilen ist und die Einsenkung vom Mittelmeere trennt. Wie weit sich diese nun nach Osten erstreckt, ist heute noch nicht bekannt, jedenfalls nicht weit, da sie von

Unterägypten durch die den Nil im Westen einschliessenden Gebirge getrennt wird. Noch weniger ist festzustellen oder auch nur zu muthmaassen, wie weit die Depression nach Süden hinzieht, noch nie ist es einem Eingebornen gelungen, von der Jupiter-Ammon-Oase aus nach Süden vorzudringen, geschweige denn einem Europäer, und wenn man von Audjila und Djalo südwärts nach Kufra und Uadjanga geht, so wissen doch die Eingeborne wenig über die Bodenverhältnisse zu sagen. Kufra ist von Audjila durch eine Sherir (mit kleinen Steinen bedeckte Ebene) getrennt, die aber nach den Aussagen der Modjabra, so nennen sich die Bewohner von Djalo, keineswegs höher gelegen ist als ihre Ortschaften, und Kufra geben sie geradezu als tiefer liegend an. Wir wissen indess durch Aussagen, dass in Uadjanga Felsen sind, aber alles Land östlich von Kufra und Uadjanga bis an die Uah Oasen ist für uns vollkommen terra incognita. Dass übrigens den Alten, obschon ihnen keine Messinstrumente zu Gebote standen, der Umstand nicht unbekannt war, dass die Jupiter-Ammon-Oase tiefer als das Meer gelegen war, wissen wir aus Aristoteles, welcher aussagt, dass die Oase durch Austrocknung des Meeres entstanden und niedriger als Unter-Aegypten gelegen sei. Ferner ersehen wir aus Strabo, dass Eratosthenes von Cyrene auf die grosse Zahl von Schneckengehäusen, Muscheln und Salzablagerungen auf dem Wege nach dem Tempel der Ammonier den Schluss zog, dieser ganze Landstrich sei vom Meere bedeckt gewesen, und derselbe behauptet sogar, dass das Zurückweichen des Meeres und die Hebung des Bodens in naturhistorischer Zeit stattgefunden habe, er nimmt schliesslich an, dass die Oase einst am Mittelländischen Meere gelegen haben müsste. [25] Strabo scheint hierin derselben Ansicht gewesen zu sein. Die heutigen Bewohner, Berber ihres Ursprungs und ihrer Sprache nach, obschon stark untermischt mit Arabern und Negern, wissen von einer solchen Einsenkung nichts, jedoch hat in der Neuzeit der Franzose Caillaud auf die Tiefe der Jupiter-Ammon-Oase aufmerksam gemacht. Im Jahre 1819 beobachtete er dort einen Barometerstand von 766 M.M., während unsere 23 Beobachtungen das Mittel von 767 M.M., also eine Tiefe von circa 10 Meter mehr, ergeben haben.

Auf dieser ganzen Strecke beobachtet man auch heute noch zahlreiche Spuren des Meeres, die genannten Seen enthalten heute noch die Cardium und Crithium-Muscheln, ebenfalls im Mittelmeere heimisch, und der Boden ist überall mit Muscheln, besonders Ostreaarten, wie bedeckt. Wir können aber hier ganz deutlich zwei Perioden nachweisen. Wie man nun auch feststellen mag, ob sich der Boden hier gesenkt hat und dann das Meer verdunstet ist, oder ob sich der Küstensaum, der von Unter-Aegypten nach Cyrenaica als Kalkrippe sich hinzieht, aus dem Meere herausgehoben und erst dann das Hinterland, vom Meere abgeschnitten, sein Wasser verdunstet hat—so viel beweisen die Millionen Meeresüberreste, dass hier einst das Meer gewesen ist. Aber zu einer noch früheren Periode muss der Grund auch bewachsen gewesen sein, denn überall trifft man versteinerte Baumstämme, oft ganze Wälder, und zwar gerade von den Bäumen, die in der Nordwüste noch jetzt am häufigsten sind, Palmen und Tamarisken.

Als vor Kurzem zuerst über diese grosse Einsenkung berichtet wurde, las man in verschiedenen französischen Blättern, Lesseps ginge damit um, den Nil in diese Depression abzuleiten, um das Land zu befruchten, noch andere wollten ihn gar einen Kanal machen lassen, von der grossen Syrte aus direct nach dem Rothen Meere. Es ist wohl kaum nöthig zu sagen, dass Lesseps an solche unsinnige Projecte nicht denkt. Ein Kanal von der grossen Syrte aus würde, abgesehen davon, dass der Suezkanal jetzt fertig ist, kaum den Weg abkürzen. Und wie wurden die

Projectenmacher denn den Nil vermeiden? Würde man darüber oder darunter schiffen oder vielleicht den Nil in den Kanal münden lassen? Man würde damit den fruchtbarsten Theil von Unterägypten, das Delta, zur Wüste machen. Ebenso lächerlich ist die Idee, den Nil zur Befruchtung in diese Niederung ableiten zu wollen, mehrere Nil würden nicht ausreichen, um dies von Salz durchtränkte Terrain süss zu machen, und der Nil hat nun eben nicht überflüssig Wasser, als dass man nur daran denken könnte, einen so grossen Theil der Wüste damit zu entsalzen.

Ganz anders verhält es sich, falls man die Dämme durchstechen wollte, welche jetzt das Mittelländische Meer von dieser grossen Niederung trennen, und am leichtesten könnte dies von der grossen Syrte aus geschehen. Man denke sich Cyrenaica als Insel oder nur durch einen schmalen Isthmus mit Aegypten zusammenhängend, im Süden ein Meer welches die grössten Schiffe bis Fesan, vielleicht bis Uadjanga würde bringen können. Welche Umwälzung! Damit würde Innerafrika erschlossen sein, Innerafrika, welches an Naturproducten weder hinter Indien noch den fruchtbarsten Provinzen von Amerika zurücksteht. Natürlich müsste vor der Hand erst festgestellt werden, wie weit die Depression nach Süden geht, die Syrtenwüste und die libysche Wüste müssten einer genauen Untersuchung und Messung unterzogen werden. Denn nur, wenn man einen grossen See bis an das Harudjgebirge, bis Kufra oder Uadjanga bilden könnte, würde ein Durchstich lohnend sein. Vergeblich aber ist es, blos um einen schmalen Arm zu füllen, einen Durchstich zu beginnen, kaum würden die Wasser Kraft genug haben, durch die Ausdünstung an beiden Seiten der Wüstenufer eine spärliche, unnütze Vegetation hervorzurufen und für Handel und Schifffahrt gar kein Gewinn dabei herauskommen. Aber auch ohne menschliches Zuthun wird mit der Zeit diese Gegend wieder unter Wasser sein, die grossen Wellenbewegungen der harten Erdkruste sind nirgends deutlicher zu beobachten, als an diesem Theile des Mittelländischen Meeres, seit 30 Jahren hat sich von Tripolis bis nach Bengasi das Ufer fast um einen Fuss gesenkt, die alten Quais von Oea (Tripolis) Leptis magna und Berenice (Bengesi) sind längst unter Wasser, und während vor 25 Jahren ein für Jedermann passirbarer Weg ausserhalb der Mauern von Tripolis längs des Meeres ging, ist heute selbst bei niedrigstem Wasserstande dort keine Passage mehr.

www.ingramcontent.com/pod-product-compliance
Lightning Source LLC
Chambersburg PA
CBHW020053200426
43197CB00050B/589